Berichte aus dem
Institut für Umformtechnik
der Universität Stuttgart
Herausgeber:
Prof.em.Dr.-Ing.Dr.h.c.K.Lange

124

Springer-Verlag Berlin Heidelberg GmbH

Markus Knörr

Auslegung von Massivumformwerkzeugen gegen Versagen durch Ermüdung

Mit 90 Abbildungen und 5 Tabellen

Springer

Dr.-Ing. Markus Knörr
Institut für Umformtechnik
Universität Stuttgart

Prof. em. Dr.-Ing. Dr.h.c. Kurt Lange
Institut für Umformtechnik
Universität Stuttgart

D 93

ISBN 978-3-540-61535-4 ISBN 978-3-662-05936-4 (eBook)
DOI 10.1007/978-3-662-05936-4

SPIN 10544331 62/3020–5 4 3 2 1 0

GELEITWORT DES HERAUSGEBERS

Die Umformtechnik zeichnet sich durch sehr gute Werkstoffauswertung und hohe Mengenleistung in der Serienfertigung gegenüber anderen Fertigungsverfahren aus, wobei Beibehaltung der Masse, Änderung der Festigkeitseigenschaften während eines Vorgangs und elastische Rückfederung der Werkstücke nach einem Vorgang wesentliche Merkmale sind. Weiter sind die benötigten Kräfte, Arbeiten und Leistungen sehr viel größer als z.B. bei spanenden Verfahren. Die sichere Beherrschung eines Verfahrens in der industriellen Fertigung und die zunehmende Forderung nach Vermeidung bzw. Minimierung spanender Nacharbeit erzwingen die geschlossene Betrachtung des Systems "Umformende Fertigung" unter zentraler Berücksichtigung plastizitätstheoretischer, werkstoffkundlicher und tribologischer Grundlagen.

Das Institut für Umformtechnik der Universität Stuttgart stellt entsprechend Forschung und Entwicklung zum einen auf die Erarbeitung von Grundlagenwissen in diesen Bereichen ab, zum anderen untersucht und entwickelt es Verfahren unter Anwendung spezieller Meßtechniken mit dem Ziel einer genauen quantitativen Ermittlung des Einflusses der Parameter von Vorgang, Werkstoff, Werkzeug und Maschine. Die Behandlung von Problemen des Maschinenverhaltens, der Maschinenkonstruktion sowie der Werkzeugauslegung und -beanspruchung, der Auswahl hochbeanspruchbarer, verschleißfester Werkzeugbaustoffe und schließlich der Tribologie gehört entsprechend ebenfalls zum Arbeitsgebiet, das durch die Erfassung organisatorischer und betriebswirtschaftlicher Fragen abgerundet wird.

Im Rahmen der "Berichte aus dem Institut für Umformtechnik"erscheinen in zwangloser Folge jährlich mehrere Bände, in denen über einzelne Themen ausführlich berichtet wird. Dabei handelt es sich vornehmlich um Abschlußberichte von Forschungsvorhaben, Dissertationen, aber gelegentlich auch um andere Texte. Diese Berichte sollen den in der Praxis stehenden Ingenieuren und Wissenschaftlern zur Weiterbildung dienen und eine Hilfe bei der Lösung umformtechnischer Aufgaben sein. Für die Studierenden bieten sie die Möglichkeit zur Vertiefung der Kenntnisse. Die seit zwei Jahrzehnten bewährte freundschaftliche Zusammenarbeit mit dem Springer-Verlag sehe ich als beste Voraussetzung für das Gelingen dieses Vorhabens an.

Kurt Lange

Vorwort

Die vorliegende Arbeit entstand in den U.S.A. während meiner Tätigkeit als Research Associate am Engineering Research Center for Net Shape Manufacturing (ERC/NSM) an 'The Ohio State University' in Columbus, Ohio.

Herrn o. Professor em. Dr.-Ing. Dr. h.c. Kurt Lange danke ich für seine ausdauernde und wohlwollende Unterstützung bei der Planung, Durchführung und Fertigstellung dieser Arbeit. Trotz weiter Entfernung waren sein Vertrauen und seine wertvollen Anregungen entscheidend für den erfolgreichen Abschluß der Arbeit.

Herrn Professor Dr. Taylan Altan, Direktor des ERC/NSM, danke ich besonders für die Gelegenheit am ERC/NSM arbeiten zu können, und für die fortlaufende Unterstützung der Arbeit.

Allen Mitarbeiterinnen und Mitarbeitern des ERC/NSM, sowie besonders meinen studentischen Mitarbeitern danke ich für Ihre Hilfe und tatkräftige Arbeit im Rahmen des Projekts.

Die Mittel zur Durchführung dieser Untersuchung wurden von der National Science Foundation der Vereinigten Staaten von Amerika, sowie den Mitgliedsfirmen des ERC/NSM zur Verfügung gestellt. Während der ersten beiden Jahre wurde der Auslandsaufenthalt von der Landesgraduiertenförderung des Landes Baden-Württemberg und des DAAD unterstützt. Allen Institutionen sei an dieser Stelle für die Förderung gedankt.

Troy, Michigan, U.S.A., im Mai 1996

Markus Knörr

Inhaltverzeichnis

Formelzeichen und Abkürzungen

Allgemeine Zeichen

A	%	Bruchdehnung
A_g	%	Gleichmaßdehnung
D		Außendurchmesser
E	N/mm^2	Elastizitätsmodul
K'	N/mm^2	zyklischer Festigkeitskoeffizient
N		Anzahl der Lastspiele, Standmenge
$2N$		Anzahl der Lastwechsel
N_i		Anzahl der Lastspiele bis zur Rißinitierung
N_m		mittlere Standmenge
R	mm	Übergangsradius
$R_{d0,2}$	N/mm^2	0,2-Stauchgrenze
R_m	N/mm^2	Zugfestigkeit
R_p	N/mm^2	Streckgrenze
$R_{p0,2}$	N/mm^2	0,2-Dehngrenze
Z	%	Brucheinschnürung
b		Steigung der elastischen Geraden des Lebendauerdiagramms
c		Steigung der plastrischen Geraden des Lebendauerdiagramms
c_p	J/kg K	spezifische Wärmekapazität
d	mm	Innendurchmesser
α	W/mm s K	Wärmeübergangszahl
k_f	N/mm^2	Fließspannung
l	mm	Länge
n'		zyklischer Verfestigungsexponent
r	mm	Radius, radiale Achse im Zylinderkoordinatensystem
t	s	Zeit
z		axiale Achse im Zylinderkoordinatensystem
α_l	mm/mm K	Längenausdehnungszahl
2α	grd	Schulteröffnungswinkel
γ		Schiebung
ε_A		Querschnittsabnahme
ε		Dehnung
$\Delta\varepsilon$		Dehnungsbereich

ε_a		Dehnungsamplitude
ε'_f		Bruchdehnungskoeffizient
φ		Umformgrad
λ	W/mm K	Wärmeleitfähigkeit
μ		Reibzahl
ν		Querkontraktionszahl
ρ	kg/mm^3	Dichte
σ	N/mm^2	Spannung
$\Delta\sigma$	N/mm^2	Spannungbereich
σ_a	N/mm^2	Spannungsamplitude
σ_n	N/mm^2	Kontaktnormalspannung
σ'_f	N/mm^2	Bruchspannungskoeffizient
τ	N/mm^2	Schubspannung
ξ	‰	Haftmaß
ϑ	°C	Temperatur
ϑ		tangentiale Achse im Zylinderkoordinatensystem
11		Achse in einem lokalen Koordinatesystem
22		Achse in einem lokalen Koordinatesystem

Indizes

A	Anlaß...
H	Härte...
WS	Werkstück...
WZ	Werkzeug...
e	elastisch
i	zum Initiierungszeitpunkt
max	maximal
p	plastisch
r	radial
t	Gesamt...
v	Vergleichs...
z	axial
ϑ	tangential
1	Haupt...
11	erste Komponente in lokalen Koordinaten
22	zweite Komponente in lokalen Koordinaten

Abkürzungen

AISI	American Iron and Steel Institute
ASM	American Society for Materials
ASTM	American Society for Testing and Materials
BEM	Boundary Element Method
CAD	Computer Aided Design
CAE	Computer Aided Engineering
CAM	Computer Aided Manufacturing
DIN	Deutsche Industrie Norm
FE	Finite Element ...
FEM	Finite Element Methode
HRC	Rockwellhärte C
LCF	Low Cycle Fatigue
VVFP	Voll-Vorwärts-Fließpressen

0 Zusammenfassung

Die Herstellung komplexer Formteile mit einbaufertigen Funktionsflächen, welche in zunehmendem Maße von den Schmiedebetrieben gefordert wird, stellt hohe Ansprüche an die Belastbarkeit der Werkzeugaktivelemente. Werkzeugversagen durch Ermüdungsrißbildung in den Aktivelementen bestimmt daher heute in den Schmiedebetrieben immer häufiger die Werkzeugstandmenge. Bei der Herstellung komplexer Kaltumformteile kann Ermüdungsrißbildung bei 100 % der Werkzeuge zum Ende der Lebensdauer führen.

Die Standmenge der Werkzeuge hat in der Massivumformung einen bedeutenden Einfluß auf die Wirtschaftlichkeit und somit Konkurrenzfähigkeit des Fertigungsverfahrens. Von Seiten der Schmiedebetriebe wird deshalb seit Jahren versucht, während der Prozeß- und Werkzeugauslegung eine genaue Abschätzung der Standmenge durchzuführen. Da eine genaue Bestimmung der Werkzeugbeanspruchung nur mit Hilfe numerischer Berechnungsverfahren möglich ist, wird bis heute die Standmenge vornehmlich anhand von Erfahrungswerten abgeschätzt. Diese Vorgehensweise ist naturgemäß mit einer gewissen Ungenauigkeit behaftet und kann zu einem unerwarteten und frühzeitigen Ausfall der Werkzeugaktivelemente während des erstmaligen Einsatzes eines Werkzeugs in der Fertigung führen.

In dieser Arbeit wurde die Anwendbarkeit moderner, rechnerunterstützter Berechnungsmethoden zur Ermittlung der Werkzeugbeanspruchung und zur Durchführung von Werkzeugstandmengenabschätzungen untersucht. Es wurde ein auf kommerzielle Programmsysteme aufbauendes Auslegungskonzept für Massivumformwerkzeuge entwickelt.

Dieses Auslegungskonzept kombiniert eine Prozeßsimulation des Umformvorgangs zur Bestimmung der Werkzeugbelastung mit einer elastisch-plastischen Spannungsanalyse des Werkzeugs. Daran schließt sich eine Versagensanalyse zur Abschätzung der erreichbaren Standmenge an. Das Auslegungskonzept kann während der Prozeß- und Werkzeugauslegung vor der teuren Herstellung eines Versuchwerkzeugs angewandt werden.

Das Auslegungskonzept wurde anhand dreier Versagensfälle aus der Industrie und anhand von Voll-Vorwärts-Fließpreß-Fertigungssimulationsversuchen eines Hochschulinstituts auf die praktische Anwendbarkeit überprüft. Es handelt sich dabei um ein Warmschmiedebeispiel und drei Kaltschmiedebeispiele.

Das Auslegungskonzept wurde zusätzlich zur Ermittlung der gemeinsamen Versagensursache und zur Bestimmung der zum Ermüdungsversagen führenden Spannungs- und Dehnungszustände verwendet. Anhand der untersuchten Beispiele konnte das Entstehen von Ermüdungsrissen in Massivumformwerkzeugen besser erklärt werden.

Ermüdungsrisse entstehen in den Übergangsradien der Werkzeuge. An diesen Stellen kommt es aufgrund der Umlenkung des Werkstoffflusses zu erhöhten Kontaktspannungswerten. Diese erhöhten Werte sorgen in Verbindung mit der geometrisch bedingten Kerbwirkung für eine lokale Plastifizierung des Werkzeugwerkstoffs im Übergangsradius. Bei Entlastung des Werkzeugs am Ende des Umformvorgangs federt der überwiegend elastisch verformte Teil des Werkzeugquerschnitts zurück und kehrt einen Teil der plastischen Verformung um. Diese zyklische Beanspruchung des Werkzeugwerkstoffs sorgt schließlich für die Initiierung eines Risses.

Bei den untersuchten Versagensfällen wurde zusätzlich festgestellt, daß die Hauptnormalspannungen in den Radien zum Teil sehr hohe Werte im Zugbereich annehmen und tangential zum Radius in der Querschnittsebene verlaufen. Diese Ausrichtung der Zughauptnormalspannung begünstigt dann das weitere Wachstum des initiierten Risses.

Der Spannungszustand in den Übergangsradien sorgt sowohl für die Rißinitiierung durch das Entstehen einer lokalen plastischen Zone, als auch für das weitere Wachstum eines initiierten Risses, da die Hauptnormalspannungen an den Radien im Zugbereich liegen.

In dieser Arbeit konnte die praktische Anwendbarkeit numerischer Berechnungen zur Vermeidung von Ermüdungsrissen in Massivumformwerkzeugen aufgezeigt werden. Ein Auslegungskonzept für Massivumformwerkzeuge, das während der Prozeß- und Werkzeugauslegung zum Einsatz kommen kann, wurde entwickelt und anhand von vier Beispielen mit erfolgreicher Anwendung als leistungsfähig bestätigt.

1 Einleitung

Der bedeutendste Trend in der Umformtechnik der vergangenen Jahrzehnte ist die technologische Weiterentwicklung der Umformverfahren hin zur Herstellung möglichst einbaufertiger Teile /1/. Diese als Präzisionsumformtechnik bezeichneten Verfahren und Verfahrenskombinationen der Kalt-, Halbwarm- und Warmumformung ermöglichen die Herstellung von Bauteilen mit komplexen Funktionsflächen mit hoher Maßgenauigkeit und Oberflächengüte. Für einige Bauteile kann heute selbst auf die Feinstbearbeitung der Funktionsflächen verzichtet werden /2/.

Die weitere technologische Entwicklung der Präzisionsumformtechnik wird in den kommenden Jahren vornehmlich von den Anforderungen der Abnehmer und wirtschaftlichen Faktoren bestimmt werden /3/. In Sinne der vom International Motor Vehicle Program am Massachusetts Institute of Technology propagierten Fertigungsphilosophie der "Lean Production" /4/, bieten Präzisionsumformverfahren bedeutende Vorteile wie hohe Produktivität, geringer Personalaufwand in der Fertigung, sowie eine geringe Fertigungstiefe zur Herstellung einbaufertiger Bauteile /3,5/.

Sehr hohe Maschinenkosten für die kapitalintensiven Anlagen und hohe Werkzeugkosten bedingen jedoch ein hohes Maß an Prozeßsicherheit und lange Werkzeugstandzeiten, um wirtschaftlich fertigen zu können. Werkzeugkosten für das Warmschmieden stellen im Durchschnitt 10 bis 15 % der Herstellkosten eines Teils dar /6/. Für das Kaltschmieden werden ebenfalls Kostenanteile von 5 bis 10 % für das Werkzeug genannt /7/. Mit steigender Komplexität der Teilegeometrie und steigenden Anforderungen an die Maß- und Oberflächengenauigkeit, wie sie beim Präzisionsschmieden vorliegen, dürften diese Kostenanteile in der Zukunft noch höher liegen. Die Werkzeugstandmengen bestimmen somit wesentlich die Wirtschaftlichkeit des Fertigungsprozesses beim Präzisionsschmieden.

Werkzeuge versagen durch Verschleiß oder Bruch der Werkzeugaktivelemente. Beim Präzisionsschmieden tritt wegen der hohen Kontaktspannungen im Werkzeug vornehmlich Ermüdungsbruch auf. Vorzeitiger Werkzeugausfall durch Ermüdungs- und Gewaltbruch verursacht unerwartete Störungen im Fertigungsfluß. Neben den Ersatzkosten für die gebrochenen Werkzeuge entstehen somit erhebliche Folgekosten durch Maschinenstillstandszeiten.

Zur Erhöhung der Fertigungssicherheit ist es daher wünschenswert, die Werkzeugbeanspruchung und -standzeit schon während der Stadienplanung und Konstruktionsphase abzuschätzen. Es könnten so hohe Werkzeugbeanspruchungen, die zu Werkzeugversagen führen, erkannt und notwendige Änderungen in der Stadienfolge oder an der Werkzeugkonstruktion rechtzeitig eingeleitet werden.

In der vorliegenden Arbeit wird ein Auslegungskonzept zur Ermittlung der Werkzeugbeanspruchung und zur Standzeitabschätzung entwickelt. Die praktische Anwendbarkeit wird anhand mehrerer Beispiele aus der industriellen Praxis aufgezeigt. Es werden außerdem wichtige Aspekte hinsichtlich des Einsatzes der hier vorgestellten numerischen Methoden in der Industrie besprochen.

Letztendlich ist es ein Anliegen dieser Arbeit, ein besseres Verständnis zweier wichtiger Aspekte für die Lösung von Ermüdungsrißproblemen zu vermitteln:

- Der Einfluß wichtiger Prozeßparameter auf die Ermüdungsrißbildung wird ausführlich diskutiert.
- Die Anwendung numerischer Berechnungsverfahren während der Prozeß- und Werkzeugauslegung von Massivumformungsverfahren wird anhand mehrerer Beispiele verdeutlicht.

2 Stand der Kenntnisse

2.1 Versagen von Werkzeugen der Warm- und Kaltmassivumformung

2.1.1 Definition, Einteilung und Häufigkeit

Werkzeugversagen wird als Ende der Lebensdauer der Werkzeugaktivelemente eines Werkzeugsatzes definiert. Das Ende der Lebensdauer ist erreicht, wenn keine brauchbaren Teile mehr mit den Werkzeugaktivelementen hergestellt werden können /8/. Die Lebensdauer wird als Zahl der hergestellten Teile angegeben und daher in dieser Arbeit als Standmenge bezeichnet.

Für die Massivumformung können nach /9,10,11,12/ fünf Versagensursachen für die Werkzeuge definiert werden:

- Verschleiß,
- Überlastbruch,
- Rißbildung infolge mechanischer Wechselbeanspruchung, oft mit anschließendem Ermüdungsbruch (mechanische Ermüdung),
- Plastische Verformung,
- Wärmewechselrisse (thermische Ermüdung).

Der Unterschied zwischen Überlast- und Ermüdungsbruch ist genau definiert:

- Überlastbruch (auch als Gewaltbruch bezeichnet):
  Diese Bruchart tritt meist nach nur wenigen ($< 10^1$) Belastungszyklen des Werkzeugs auf und führt zum vorzeitigen und unerwarteten Versagen. Becker und Kiel /13/ berichten über eine Vielzahl dieser Brüche und führen als wichtigste Ursachen eindeutige Fehler in der Konstruktion, beim betrieblichen Einsatz und bei der Bearbeitung, sowie Wärmebehandlung an.

- Ermüdungsbruch (auch als Dauerbruch bezeichnet):
  Diese Bruchart tritt ein, wenn es aufgrund der mechanischer Wechselbeanspruchung im Werkzeug zur Anrißbildung und Rißausbreitung mit anschließendem Restbruch kommt.

Die Versagensarten sind schematisch in Bild 1 nach Kannappan /10/ für das Warmschmieden und nach Reiss /16/ für die Kaltmassivumformung am Beispiel des Voll-Vorwärts-Fließpressens dargestellt.

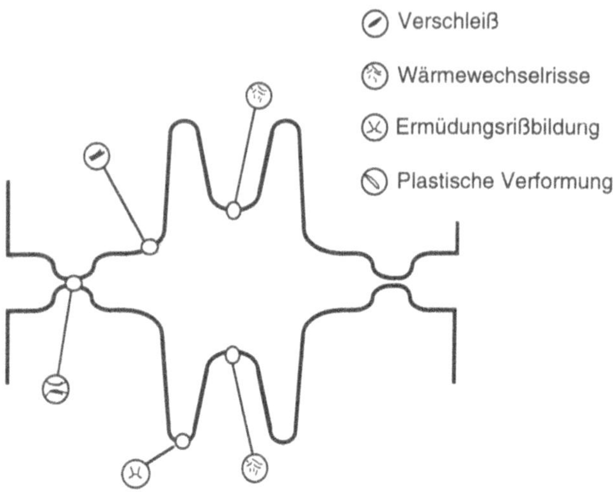

a)

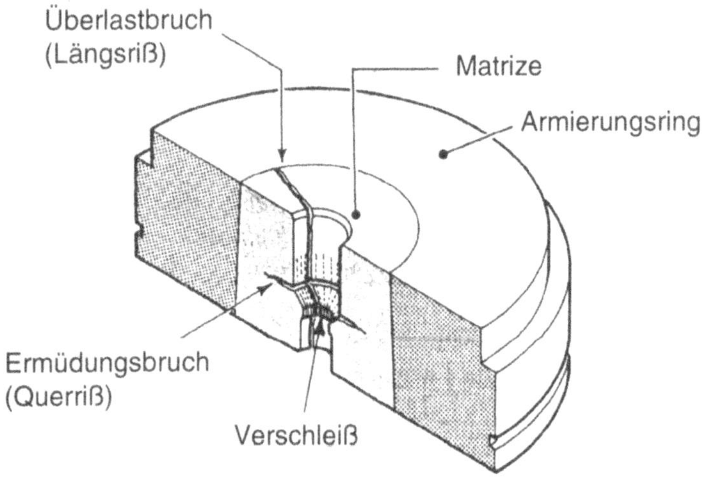

b)

Bild 1: Schematische Darstellung der Versagensarten für das
a) Warmschmieden /10/ und
b) Voll-Vorwärts-Fließpressen /16/.

Für das **Warmschmieden** von Stahl wurden die Versagensursachen und deren Häufigkeit von Heinemeyer /14,15/ anhand einer statistischen Untersuchung der Betriebsdaten von 160 Gesenkgeometrien aus 20 Schmiedebetrieben ermittelt. Verschleiß ist mit 70% aller Gesenktypen die bedeutendste Versagensursache. Ermüdungsrisse treten in 25% der Gesenkgravuren auf, während die anderen Versagensursachen zusammen nur 5% ausmachen.

In Bild 2 ist die Häufigkeit nach Schmiedemaschine (Hämmer und Schmiedepressen) und Art der Versagensursache detailliert aufgeschlüsselt. Die Hälfte aller Gravuren von Pressengesenken werden durch Kantenverschleiß unbrauchbar. Ermüdungsrißbildung an Übergangsradien stellen 21% des Versagens von Pressengesenken und 30% von Hammergesenken dar. Ermüdungsrisse in den Übergangsradien (Hohlkehlen) sind die dominierende Ausfallsursache bei Gravurgeometrien, die zum vollständigen Ausfüllen eine stärkere Werkstoffumlenkung benötigen. Es sind dies vor allem Gravuren mit naben- und rippenähnlichen Formelementen.

Gewaltbrüche treten in den untersuchten Schmiedebetrieben als vereinzelter Sonderfall auf und spielen beim Warmschmieden nur eine untergeordnete Rolle. Sie sind zumeist auf Fehler beim betrieblichen Einsatz durch fehlerhaften Einbau oder ungenügender Gesenkvorwärmung zurückzuführen

In der **Kaltmassivumformung** versagen nach einer Umfrage von Reiss und Schröder /17/ 80% aller Werkzeuge beim Herstellen einfacher Massenteile durch Verschleiß. Die restlichen 20% versagen durch Bruch. Beim Präzisionsschmieden von komplizierten Bauteilgeometrien überwiegt jedoch nach Geiger /7, 18/ Versagen durch Ermüdungsrißbilding und Ermüdungsbruch. Dabei stellen die Matrizen den überwiegenden Teil der versagenden Werkzeugaktivteile /19/.

Gewaltbruch der Matrize beim Fließpressen ist die Folge eines falsch ausgelegten Schrumpfverbandes und ist bei korrekter Auslegung des Armierungsverbandes im allgemeinen vermeidbar /18/.

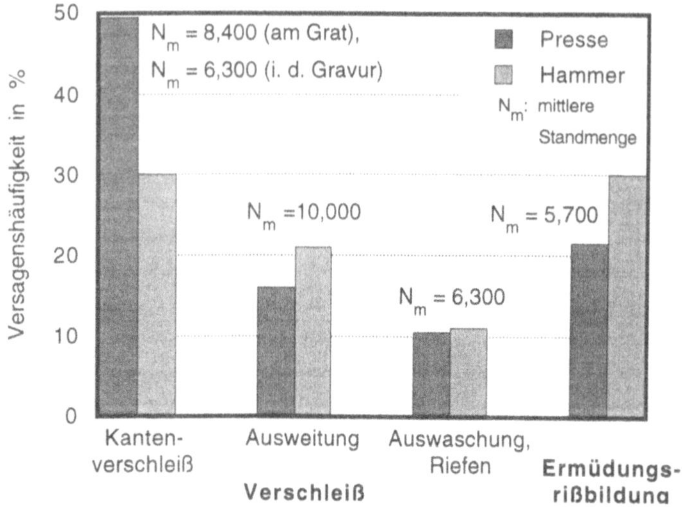

Bild 2: Häufigkeit der Versagensursachen und mittlere Standmengen für das Warmschmieden (nach Heinemeyer /14/).

2.1.2 Standmengen und Einflußgrößen

Die Standmenge eines Werkzeugs wird von einer Vielzahl von Faktoren bestimmt. Für die Warm- und Kaltmassivumformung ergeben sich zum Teil deutliche Unterschiede in der Bedeutung der einzelnen Einflußgrößen und den erzielbaren Standmengen.

Bild 3 versucht eine an die Praxis orientierte Einteilung der Einflußfaktoren auf die Werkzeugstandmenge beim Schmieden. Die erreichbare Werkzeugstandmenge ist das Resultat des Zusammenwirkens von Werkzeugbeanspruchung und den Werkzeugeigenschaften (Festigkeit, Verschleißwiderstand, Wärmewechselfestigkeit) unter Betriebsbedingungen.

Die einzelnen Faktoren werden in Anlehnung an /8, 12, 14, 19/ und /20/ in vier Gruppen unterteilt, welche durch drei äußere Randbedingungen (Kunde, Verfahren, Betrieb) mitbestimmt werden:

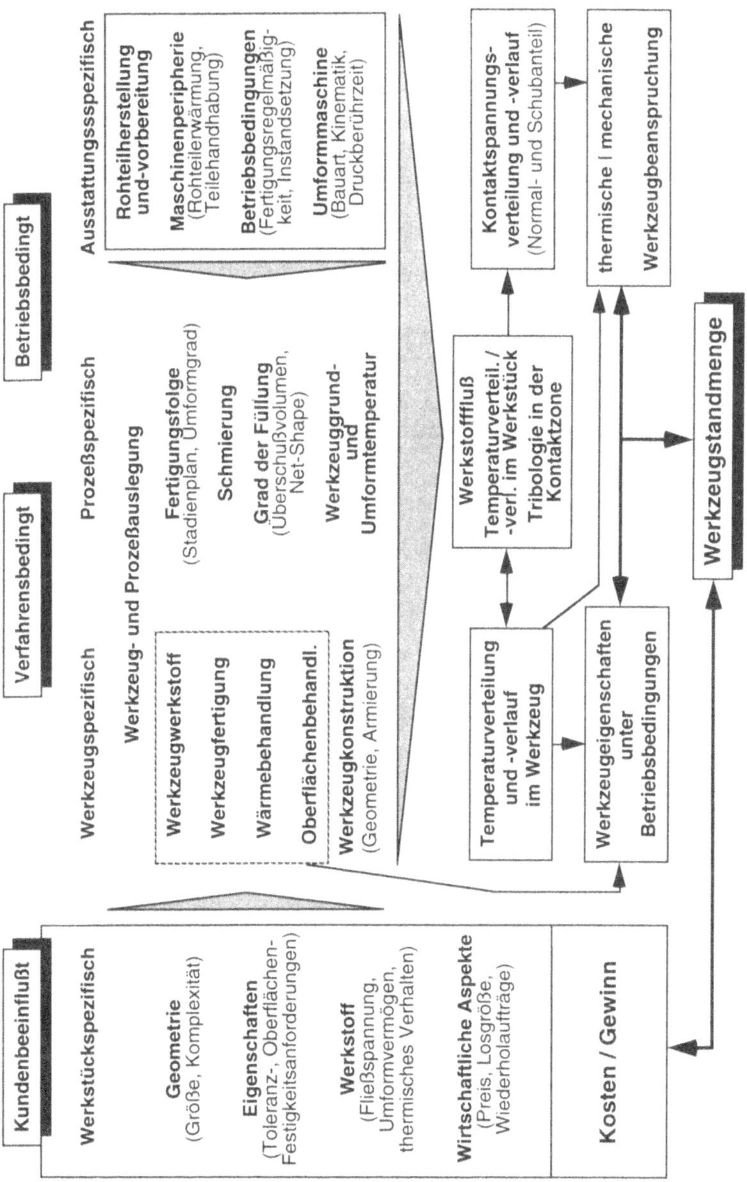

Bild 3: Einflußfaktoren auf die Werkzeugstandmenge.

- Werkstückspezifische Einflußfaktoren werden vornehmlich durch den Kunden vorgegeben. Die Geometrie und die zu erzielenden Eigenschaften des Werkstücks, sowie der Werkstückwerkstoff haben einen bedeutenden Einfluß. Die Kontaktspannungen werden dabei direkt von der Fließspannung des Werkstückwerkstoffs beeinflußt.

- Werkzeugspezifische Einflußfaktoren werden zusätzlich in Faktoren gruppiert, die die Werkzeugeigenschaften unter Betriebsbedingung direkt beeinflussen. Diese Faktoren werden während der Werkzeugauslegung festgelegt und sind vom Werkzeugkonstrukteur steuerbar. Die Geometrie des Werkzeugs hat den größten Einfluß auf den Werkstofffluß.

- Prozeßspezifische Einflußfaktoren, die während der Prozeßauslegung festgelegt werden, beinhalten die Fertigungsfolge mit Stadienplan und den in jeder Werkzeugstufe erzielbaren Umformgrad, den Grad der Werkzeugfüllung, sowie die Art der Schmierung und des Schmierstoffss. Beim Warm- und Halbwarmschmieden wird die thermische Belastung des Werkzeugs vornehmlich durch die Umformtemperatur des Werkstücks und die Werkzeuggrundtemperatur bestimmt.

- Ausstattungsspezifische Einflußfaktoren, die im wesentlichen von der Austattung des Umformbetriebs abhängen, sind die Qualität des Rohteils, und in der Kaltmassivumformung die Qualität der aufgebrachten Schmierung. Beim Warmschmieden spielt die Art der Rohteilerwärmung und die damit verbundene Zunderbildung eine wichtige Rolle. Die Bauart der gewählten Umformmaschine, die Stößelkinematik und die Druckberührzeit haben einen großen Einfluß auf den Temperaturverlauf und den Werkstofffluß.

Von Heinemeyer /14/ liegen umfassende Ergebnisse zu den einzelnen Einflußfaktoren für das **Warmschmieden** vor. Für eine Zusammenfassung der Ergebnisse sei auf /15/ und /9/ verwiesen.

Frühere Veröffentlichungen aus den späten sechziger und frühen siebziger Jahren liegen aus England von Aston und Muir /21/, Thomas /22/ und Aston und Barry/23/ vor. Diese Daten und die Daten von Heinemeyer /14/ stimmen weitgehendst überein.

Eine allgemeine Aussage über die erzielbaren Standmengen für das Warmschmieden ist nur sehr begrenzt möglich. Bild 2 enthält mittlere Standmengen in Abhängigkeit von der Versagensursache und der Umformmaschine. Der Einfluß der Bauteilgeometrie bleibt dabei unberücksichtigt. Die einzelnen Standmengen schwanken zwischen wenigen hundert bis über 30,000 Teilen.

Für die **Kaltmassivumformung** liegen weniger umfangreiche Daten zu den Einflußfaktoren und Werkzeugstandmengen vor. Noack /20/ hat aufgrund von Schrifttumsangaben und Erfahrungswerten aus der Industrie Diagramme zur Standmengenabschätzung erstellt. Als Einflußfaktoren werden das Fließpressverfahren, der Umformgrad und der Werkstückwerkstoff berücksichtigt. Matrizenstandmengen für rotationssymetrische Teile schwanken zwischen 20,000 und 200,000 Teilen.

Geiger und Woska /7/ nennen 10^3 bis 10^5 als erreichbare Standmengen beim Fließpressen. Bei der Fertigung komplizierter, einbaufertiger Bauteile liegen die Werkzeugstandmengen aufgrund des hohen Füllgrades und der hohen Werkzeugbelastung im unteren Bereich dieser Spanne /12/.

2.1.3 Wirtschaftliche Bedeutung der Werkzeugstandmenge

Die Werkzeugstandmenge hat einen direkten Einfluß auf die Wirtschaftlichkeit eines Schmiedebetriebs /18, 19, 24/. Der Kostenanteil der Werkzeuge an den Gesamtkosten eines Teils wird für das Warmschmieden von mehreren Autoren /6, 24, 25/ mit 8 - 15% angegeben. Für das Fließpressen finden sich unterschiedliche Angaben. Geiger und Woska /7/ geben den Kostenanteil mit 5 - 10% der Gesamtherstellkosten an, während Noack /20/ als Werkzeugkostenanteil 25 - 30% der Fertigungskosten (Herstellkosten - Stoffkosten) für das Napf-Rückwärtsfließpressen nennt. Es liegen von Noack allerdings keine Angaben zum Stoffkostenanteil vor.

Besondere Bedeutung für die Wirtschaftlichkeit der Schmiedeverfahren hat die oft beträchtliche Streuung der Standmengen. Noack /20/ schätzt, daß die Fertigungskosten um 12,5 - 15 % zu- oder abnehmen, sollten die tatsächlichen Werkzeugkosten die kalkulierten Werte um 50 % über- bzw. unterschreiten. Diese Werte werden von Crout /25/ für das Warmschmieden bestätigt. Eine Halbierung der Standmenge eines Gesenks resultiert nach dieser Schätzung in einer 13 %-igen Steigerung der Gesamtherstellkosten eines Schmiedeteils.

Angaben zu der Zusammensetzung der Werkzeugkosten finden sich in Becker und Kiel /13/. Danach ist die Aufteilung für Warm- und Kaltarbeitswerkzeuge sehr ähnlich:

63 - 80 % Lohn- und Lohngemeinkosten,
7 - 20 % Werkzeugwerkstoff- und Stoffgemeinkosten,
6 - 15 % Entwurfskosten,
2 - 5 % Wärmebehandlungskosten.

Diese aus den späten siebziger Jahren stammenden Angaben dürften heute im wesentlichen noch Gültigkeit besitzen.

2.2 Beanspruchung der Werkzeuge

Die Werkzeuge der Warm- und Kaltmassivumformung sind unterschiedlichen Beanspruchungen ausgesetzt. In diesem Abschnitt sollen typische Charakteristiken dieser Beanspruchungen zum besseren Verständnis der in dieser Arbeit durchgeführten numerischen Berechnungen dargestellt werden.

2.2.1 Warmschmieden

Warmschmiedewerkzeuge werden durch eine Kombination von hohen thermischen und mechanischen Belastungen beansprucht /9/.

2.2.1.1 Thermische Beanspruchung

Die thermische Beanspruchung eines Warmschmiedewerkzeugs resultiert aus dem sich während des Umformprozesses ergebenden Kontakts mit dem heißen Werkstück und dem damit verbundenem Wärmeübergang. Während des Umformprozesses entsteht im Werkzeug ein steiler Temperaturgradient nahe der Gravuroberfläche.

Gesenkschmiedeprozesse sind instationäre Vorgänge. Deshalb kann eine Beschreibung des Temperaturfeldes nur in Abhängigkeit von Ort und Zeit erfolgen. Die Temperaturverteilung ist die ortsabhängige Beschreibung des Temperaturfeldes im Werkzeug zu einem bestimmten Zeitpunkt während des Umformprozesses. Der Temperaturverlauf gibt den zeitlichen Verlauf der Temperatur in einem bestimmten Ort im Werkzeug wieder.

Die thermische Beanspruchung ist die Folge des wechselnden Temperaturfelds im Werkzeug. Lange und Meyer-Nolkemper /9/ nennen zwei Auswirkungen auf das Werkzeug:

- Der Temperaturgradient erzeugt während des Umformvorgangs Druckspannungen nahe der Oberfläche, da die wärmeren Oberflächenschichten in ihrer Expansion durch den kühleren Werkstoff im Inneren des Werkzeugs behindert werden. Nach Entfernen des Werkstücks kühlt die Werkzeugoberfläche, zusätzlich verstärkt durch das Aufsprühen neuen Schmierstoffs, rasch ab. Es entstehen nun Zugspannungen in der Oberflächenschichten. Diese Wärmewechselspannungen führen zur Wärmerißbildung, wenn zuerst die Druckspannungen und dann die Zugspannungen die Streckgrenze des Werkzeugwerkstoffs überschreiten.
- Die Festigkeit des Werkzeugwerkstoffs sinkt mit steigenden Temperaturen. Übersteigt die Spitzentemperatur an der Oberfläche die Anlaßtemperatur des Werkzeugs, so kann eine bleibende Entfestigung der Oberflächenschicht hervorgerufen werden.

Untersuchungen zur experimentellen Bestimmung des Temperaturfelds in Warmschmiedewerkzeugen wurden erstmals von Beck /26/ durchgeführt. Weitere Arbeiten liegen von Klafs /27/ zur Bestimmung der Wärmeübergangszahlen für die unterschiedlichen Kontaktarten zwischen Werkstück und Werkzeug, sowie v. Finkenstein et al. /28/ zur Videothermographie vor. Der Einfluß der thermischen Belastung auf die Oberflächenschicht im Werkzeug wurden von Kaufhold /29/, sowie Doege et al. /30/ untersucht.

Als wichtigste Einflußgrößen auf die thermische Beanspruchung wurden identifiziert /29/:

- Werkstück- und Werkzeuggrundtemperaturen,
- Druckberührzeit und Takt der Fertigung,
- Kontaktspannung und Relativbewegung zwischen Werkstück und Werkzeug,
- Werkzeugwerkstoff, sowie
- Massen von Werkstück und Werkzeug.

Eine genaue Bestimmung des Temperaturfelds in einem Werkzeug ist experimentell nur mit größerem Aufwand möglich. Daher werden heute vornehmlich numerische Berechnungsverfahren eingesetzt. Die Anwendung dieser Verfahren auf das Warmschmieden wird in Abschnitt 2.2.1.3 besprochen.

2.2.1.2 Mechanische Beanspruchung

Der thermischen Beanspruchung überlagert wirkt die mechanische Beanspruchung des Werkzeugs. Diese wird vornehmlich von der sich an den Berührflächen zwischen Werkstück und Werkzeug aufbauenden Kontaktspannung verursacht. Die Kontaktspannung ist wie das Temperaturfeld von Ort und Zeit abhängig.

Die Kontaktspannung ruft als äußere Belastung eine Verformung des Werkzeugs und damit verbundene Reaktionsspannungen im Werkzeug hervor. Die Werkzeugspannungen sind abhängig von der Höhe und Verteilung der Kontaktspannung, sowie der Geometrie des Werkzeugs. Besteht das Werkzeug aus mehreren Teilen mit Armierung, so werden die Werkzeugspannungen und -verformungen auch von der Armierungsauslegung beeinflußt.

Die experimentelle Bestimmung von Kontaktspannungswerten gestaltet sich noch schwieriger und ist mit größeren Fehlern behaftet als die Temperaturmessung. Lange und Meyer-Nolkemper /9/, Tuncer und Dean /31/, sowie Rittmeier /32/, geben eine Zusammenfassung der analytischen und experimentellen Methoden zur Bestimmung der Kontaktspannungsverteilung.

Rittmeier /32/ konnte erstmals eine Kontaktspannungsverteilung entlang der gesamten Gravuroberfläche bestimmen. In dieser Arbeit wurde ein rechnerisch iteratives Verfahren zur Bestimmung der Kontaktspannungsverteilung am Ende eines Napfschmiedeprozesses entwickelt. Dieses Verfahren kombiniert Dehnungsmessungen an einem Napfgesenk und numerische Berechnungen mit der Finite-Elemente-Methode (FEM). Die Dehnungsmessungen wurden im Modellversuch bei Raumtemperatur mit einem Modellwerkstoff durchgeführt.

Die Kontaktspannung beim Warmschmieden ist vornehmlich abhängig von:

- der Fließspannung des Werkstoffs, und somit von der Temperaturverteilung im Werkstück und der Formänderungsgeschwingigkeit; diese wiederum hängen von der Umformtemperatur, der Kinematik der Umformmaschine und der Druckberührzeit ab.
- der Geometrie der Gravur und besonders der Gratgeometrie;
- dem sich einstellenden Werkstofffluß.

2.2.1.3 Berechnung der Werkzeugbelastung

Die experimentelle Ermittlung des Temperaturfelds und der Kontaktspannungen während eines Umformvorganges ist nur mit großem Aufwand möglich. Es wurden deshalb schon lange rechnerische Verfahren zur Bestimmung dieser Verfahrenskenngrößen entwickelt.

Die Bestimmung der Kontaktspannungen kann mit Hilfe der Elementaren Plastizitätstheorie erfolgen /1/. Dieses Verfahren wird zur Bestimmung der maximalen Umformkraft am Ende der Umformung verwendet. Als Nachteile erweisen sich /33/:

- mit zunehmender Komplexität der Werkzeuggeometrie müssen immer größere Vereinfachungen, welche die Genauigkeit der Lösung beinträchtigen, getroffen werden;
- die Kinematik des Umformvorgangs und die Form der Umformzone muß bekannt sein;
- es können nur Kontaktspannungen senkrecht zur Umformrichtung berechnet werden. Kontaktspannungen an Gravurschrägen von rotationssymmetrischen Gravuren können nicht bestimmt werden.

Während eines Schmiedevorgangs beeinflussen sich der Bewegungs- und Spannungszustand im Werkstück, sowie die Temperaturfelder in Werkstück und Werkzeug und die Kontaktspannungen gegenseitig. Nur Hilfe der Höheren Plastizitätstheorie und der Thermodynamik lassen sich die Vorgänge mathematisch beschreiben. Eine strenge Lösung der Gleichungssysteme zur Bestimmung der Feldgrößen ist jedoch im allgemeinen nicht möglich. Es wurden deshalb verschiedene Näherungsverfahren, die die mathematischen Probleme umgehen, entwickelt /1/.

Als leistungsfähigstes Näherungsverfahren hat sich in den letzten zwei Jahrzehnten die Finite-Elemente-Methode durchgesetzt. Durch Entwicklung von robusten Simulationsprogrammen und der signifikanten Steigerungen in der Rechnerleistung hat sich dieses Näherungsverfahren heute als meist verbreiteste Methode zur Berechnung des Werkstoffflusses und der wichtigen Feldgrößen wie Temperatur, Formänderungen und Spannungen während eines Umformprozesses durchgesetzt. Die Berechnung eines Umformprozesses wird häufig als Prozeßsimulation bezeichnet. Eine detailliertere Behandlung ist in Abschnitt 2.3 gegeben.

2.2.1.4 Numerische Berechnung der Werkzeugbeanspruchung

Mit Hilfe der Prozeßsimulation lassen sich die Werkzeugbelastungen (Temperaturfeld, Kontaktspannungen) berechnen. Die Werkzeugbeanspruchung zu einem bestimmten Zeitpunkt während eines Umformprozesses kann ebenfalls mit der FEM durch eine Spannungsanalyse erfolgen. Das Temperaturfeld und die Kontaktspannungsverteilung dienen dabei als Eingabewerte für die Belastung.

Erste Anwendungen der FEM zur Berechnung der Werkzeugbeanspruchung erfolgten Anfang der siebziger Jahre. Becker et al. /35/ berechneten die Werkzeugbeanspruchungen für das Präzisionsschmieden von Flugzeugteilen. Die Kontaktspannungsverteilung wurde mit Hilfe der Elementaren Plastizitätstheorie abgeschätzt, während die thermischen Spannungen aufgrund des Temperaturfelds vernachlässigt wurden.

Durch Einsatz der FEM konnte Rittmeier /32/ systematische Untersuchungen zu den durch die mechanische Belastung hervorgerufenen Spannungszuständen im Napfgesenk durchführen. Die überlagerten thermischen Spannungen konnten auch hier noch nicht berücksichtigt werden.

Die kombinierte Beanspruchung der von Rittmeier verwendeten Napfgesenkgeometrie durch die thermische und mechanische Belastung wurde erstmals von Mareczek et al. /36/ berechnet. Die Kontaktspannungsverteilung wurde dabei von Rittmeier /32/ übernommen. Das Temperaturfeld im Werkzeug wurde mit Hilfe der von Klafs /27/ experimentell ermittelten Wärmeübergangszahlen unter Annahme konstanter Werkstücktemperaturen abgeschätzt.

Die Kontaktspannungen für das Napfgesenk wurden von Stute-Schlamme /37/ durch eine FE-Prozeßsimulation berechnet. Durch eine Parameterstudie an der Napfgesenkgeometrie wurde der Einfluß geometrischer, umformtechnischer und konstruktiver Parameter auf die Kontaktspannungsverteilung und der daraus resultierenden Werkzeugbeanspruchung ermittelt. Eine Zusammenfassung der Ergebnisse erfolgte in /33/.

Bild 4 zeigt die berechneten Vergleichsspannungen entlang der Gravuroberfläche. Die Vergleichsspannungswerte erreichen im Gravurradius einen Spitzenwert. Es konnte deutlich der entgegengesetzte Einfluß der thermischen und mechanischen Beanspruchungen gezeigt werden.

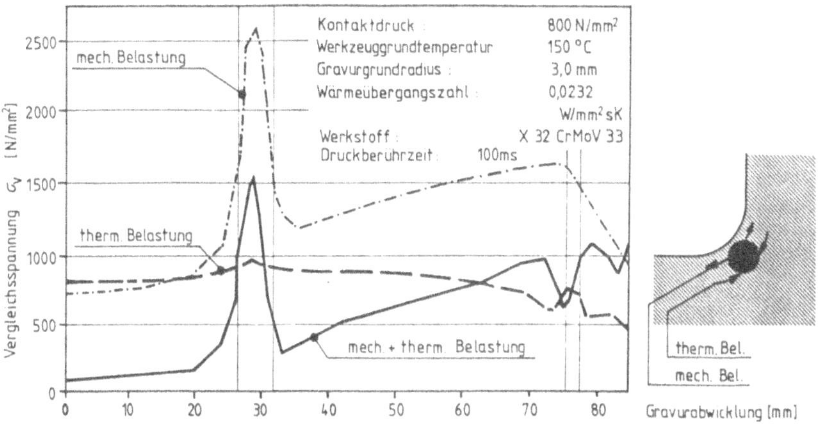

Bild 4: Vergleichsspannungsverteilung mit thermisch und mechanischen Anteilen entlang der Gravuroberfläche /37/.

Gekoppelte Prozeßsimulationen für das Schmieden, welche sowohl den Wärmeentstehungsvorgang, als auch den Temperaturausgleichsvorgang im Werkstück, sowie in das Werkzeug einbeziehen, wurden in den frühen achziger Jahren entwickelt /38/. Erste kommerzielle Programmsysteme mit der Fähigkeit zur gekoppelten Simulation wurden Mitte der achziger Jahre angeboten /39/. Damit konnten wesentlich genauere und schnellere Berechnungen zur kombinierten Belastung von Schmiedewerkzeugen durchgeführt werden.

Westerling /40/, sowie Hirt und Altan /41/ untersuchten die elastischen Spannungen und Verformungen in rotationssymmetrischen Schmiedegesenken. Die Kontaktspannungen und Temperaturverteilungen wurden in beiden Studien mit Hilfe gekoppelter Prozeßsimulationen berechnet.

Erste elastisch-plastische Spannungsanalysen wurden von Rystad und Böer /42, 43/ zur Bestimmung der plastischen Verformung des Werkzeugs durchgeführt.

2.2.1.5 Untersuchungen zur Standmengenabschätzung

Für das Warmschmieden wurde mehrfach vorgeschlagen, bruchmechanische Untersuchungen zur Standmengenabschätzung zu verwenden. Arbeiten liegen hierfür von Thomas /44/ und Støren et al. /45/ vor. Es konnten jedoch nur qualitative Aussagen über die Standmenge erzielt werden.

Schröder /46,47,17/ weist auf Low Cycle Fatigue als Versagensursache bei Schmiedewerkzeugen hin und verwendete eine bruchmechanische Probengeometrie zur Ermittlung der Standmenge eines Isothermschmiedewerkzeugs für das Herstellen von Aluminiumteilen mit extrem schmalen Rippen. Weitere Anwendungen der Bruchmechanik liegen von Rich und Orbison /48/ zur Standmengenabschätzung vor.

Wang et al. /49/ diskutieren mögliche Techniken zur Abschätzung der Gesenkstandmenge. Rong et al. /50/ untersuchten das Kriechversagen eines Isothermschmiedewerkzeugs und versuchten eine Standmengenbestimmung.

Ebara et al. /125, 126/ untersuchten das Versagen eines Gesenks und führten systematische Untersuchungen zur mechanischen und thermischen Ermüdung des japanischen Warmarbeitsstahl SKD62 (entspricht DIN X38CrMoV51, 1.2343) aus. Es werden Materialdaten zur Standmengenabschätzung gegeben. Diese Autoren, sowie Kocanda /123, 124/ verweisen ebenfalls auf Low Cycle Fatigue als Versagensart bei Rißbildung in Schmiedegesenken. Kocanda ermittelte Werkstoffkennwerte bei erhöhter Temperatur für einen polnischen Schnellarbeitsstahl, ähnlich dem Stahl S 6-5-2. Diese Kennwerte können zur Standmengenabschätzung verwendet werden.

2.2.2 Kaltmassivumformung

In der Kaltmassivumformung wird die Beanspruchung der Werkzeuge vornehmlich durch die Kontaktspannungen hervorgerufen. Die thermische Belastung ist meist von untergeordneter Bedeutung.

Beim Fließpressen, dem wirtschaftlich bedeutendsten Verfahren der Kaltmassivumformung, besteht das Werkzeug in der Regel aus mehreren Aktivelementen. Die formgebenden Werkzeugelemente sind Matrizen, Stempel, Dorne und Auswerfer /7/.

2.2.2.1 Thermische Beanspruchung

Beim Kaltumformen kommt es zur Erwärmung des Werkstücks durch die Umwandlung eines Teils der Umformarbeit und Reibarbeit in Wärme. Durch den Wärmeübergang zwischen Werkstück und Werkzeug stellt sich auch bei Kaltmassivumformungswerkzeugen ein Temperaturfeld mit einem Temperaturgradienten an der Werkzeugoberfläche ein.

In der Literatur finden sich als Anhaltswerte für die Werkzeuggrundtemperatur Angaben von 150 - 300 °C /12/. Witte /51/ bestimmte die Grundtemperatur des Oberstempels beim Fließpressen verschiedener Geometrien. Hierbei wurden Temperaturen bis 80 °C gemessen.

Umfassende Untersuchungen zur Werkzeugtemperatur beim Fließpressen liegen von Kato et al. /52-56/ für mehrere Fließpreßverfahren vor. Durch Experiment und numerische Berechnungen wurde der Temperaturverlauf an verschiedenen Stellen im Werkzeug bis zum Erreichen des stationären Betriebszustands nach etwa 50 verpreßten Teilen bestimmt. Für das Napf-Rückwärts-Fließpressen ergeben sich Temperaturspitzen am Fließbund des Stempels von 300 °C und eine Grundtemperatur von 120 °C. Temperaturspitzen in der Matrize erreichen Werte von 150 °C bis 200 °C, während sich in der Matrize Grundtemperaturen von 80 - 100 °C einstellen.

Weitere Meßdaten für Matrizentemperaturverläufe beim Abstreckgleitziehen und Hohl-Vorwärts-Fließpressen gibt Leykamm /57/. Nahe der Werkzeugoberfläche wurden Temperaturerhöhungen von etwa 100 K beim Abstreckgleitziehen und 110 K beim Hohl-Vorwärts-Fließpressen gemessen. Die Taktzeiten betrugen in den Versuchen allerdings nur 7 bzw. 4 Teile/min.

Bei der Berechnung des Spannungszustands im Werkzeug wird der thermisch bedingte Spannungs- und Dehnungsanteil meist vernachlässigt. Kling /58/ untersuchte die Aufweitung des Fließbunddurchmessers, verursacht durch die mechanische und thermische Belastung. Die thermisch bedingte Aufweitung ist selbst bei einer angenommen Spitzentemperatur von 300 °C kleiner als 10% der durch die Kontaktspannungen hervorgerufenen Aufweitung.

2.2.2.2 Mechanische Beanspruchung

Werkzeuge der Kaltmassivumformung sind hohen Kontaktspannungen ausgesetzt. Beim Fließpressen wird häufig vereinfachend von einem konstanten Kontaktspannungswert in der Wirkfuge zwischen Werkstück und Werkzeug ausgegangen. In der Literatur finden sich Angaben mit maximalen Werten von 2000 - 2500 N/mm^2 /7, 59/. In der Regel wird bei der Auslegung von Matrizen für das Voll-Vorwärts-Fließpressen ein konstanter Wert von 1500 - 1800 N/mm^2 für die Kontaktspannungen verwendet /60/.

Durch Umlenkung des Werkstoffflusses im Werkzeug kommt es zur deutlichen Erhöhung der Kontaktspannungen im Bereich von Übergangsradien. Mit Hilfe von Versuchen und analytischen Betrachtungen wurde versucht, genauere Angaben zur Kontaktspannungsverteilung zu erhalten. Matsubaro und Kudo /61/ verwendeten Profilscheiben zur Messung der Kontaktspannungsverteilung beim Napf-Rückwärts-Fließpressen von Aluminium. Hoang-Vu /62/ verwendete sowohl Profilscheiben als auch Meßstifte zur Messung der Kontaktspannungen beim Kaltschmieden. Für den Stahlwerkstoff Ck15 wurden Kontaktspannungen bis 1700 N/mm^2 gemessen.

Voelkner und Leopold /63/ definierten eine Kontaktspannungsverteilung für das Voll-Vorwärts-Fließpressen in Abhängigkeit vom Umformgrad und der Fließspannung des Werkstückwerkstoffs.

Wesentlich genauere Angaben zur Kontaktspannungsverteilung lassen sich mit Hilfe einer FE-Prozeßsimulation des Umformvorgangs erzielen. Erste Arbeiten zur Bestimmung der Kontaktspannungen beim Fließpressen liegen von Vu /64/ für das Napf-Rückwärts-Fließpressen mit mittigem Zapfen vor. Für das Voll-Vorwärts-Fließpressen wurde die Kontaktspannungsverteilung von Hettig /65/ in Abhängigkeit von Schulteröffnungswinkel und Übergangsradius berechnet. Von Hänsel /66/ liegen ebenfalls Kontaktspannungswerte für diesselbe Geometrie vor.

Erste dreidimensionale FE-Prozeßsimulationen zur Bestimmung der Kontaktspannungsverteilung wurden von Lange und Szentmihályi /67/, sowie Szentmihályi /127/ für das Querfließpressen von schrägverzahnten Stirnrädern durchgeführt. An der am höchsten belasteten Stelle der Matrizenzähne wurden für die Kontaktspannungen Werte über 2800 N/mm^2 bestimmt.

2.2.2.3 Auslegung von Fließpreßwerkzeugen mit numerischen Methoden

Die Werkzeugstandmenge beim Fließpressen wird entscheidend von der korrekten konstruktiven und festigkeitsmäßigen Auslegung des Matrizenverbands bestimmt. Übersteigt die maximale Kontaktspannung den halben Wert der Streckgrenze des Matrizenwerkstoffs, so muß die Matrize mit einem oder mehreren Armierungsringen vorgespannt werden /8/. Dieser Fall ist beim Fließpressen von Stahl stets gegeben.

Eine exakte festigkeitsmäßige Auslegung ist für praktische Geometrien nicht möglich. Analytische Näherungen sind mit Hilfe der Lamé-Gleichungen für unendlich lange Zylinder unter Innen- und Außendruck möglich.

Wesentlich genauere Daten wurden von Krämer /60/ mit Hilfe elastischer FEM-Berechnungen erstellt. Für Preßverbände mit zylindrischer Bohrung wurden durch Parametervariationen mit Hilfe der FEM Nomogramme für die Auslegung erstellt. Diese Nomogramme sind nun Bestandteil der VDI-Richtlinie 3176 von Oktober 1986 /68/. Krämer /60/ untersuchte ebenfalls Preßverbände mit abgesetzter Bohrung und konnte den Spannungsverlauf in der Matrize berechnen. Bild 5 zeigt den Verlauf.

Neitzert /69/ erweiterte die Arbeiten von Krämer und erstellte Berechnungsschaubilder für Preßverbände mit abgesetzter Bohrung. Diese Schaubilder und die von Krämer erstellten Nomogramme sind Teil des I.C.F.G. Documents No. 5/82 /70/. Eine Zusammenfassung der Arbeiten ist in /71/ gegeben.

Mit Hilfe einer elastisch-plastischen Modellierung der Matrize konnte Neitzert /69/ zeigen, daß es im Übergangsradius der Matrize zur Teilplastifizierung des Werkzeugwerkstoffs kommt.

Vu /64, 72/ untersuchte den Einfluß einer axialen Vorspannung auf die Beanspruchung von Matrizen mit abgesetzter Bohrung. Außerdem untersuchte Vu die Beanspruchung von Fließpreßstempeln mit unterschiedlichen Geometrien.

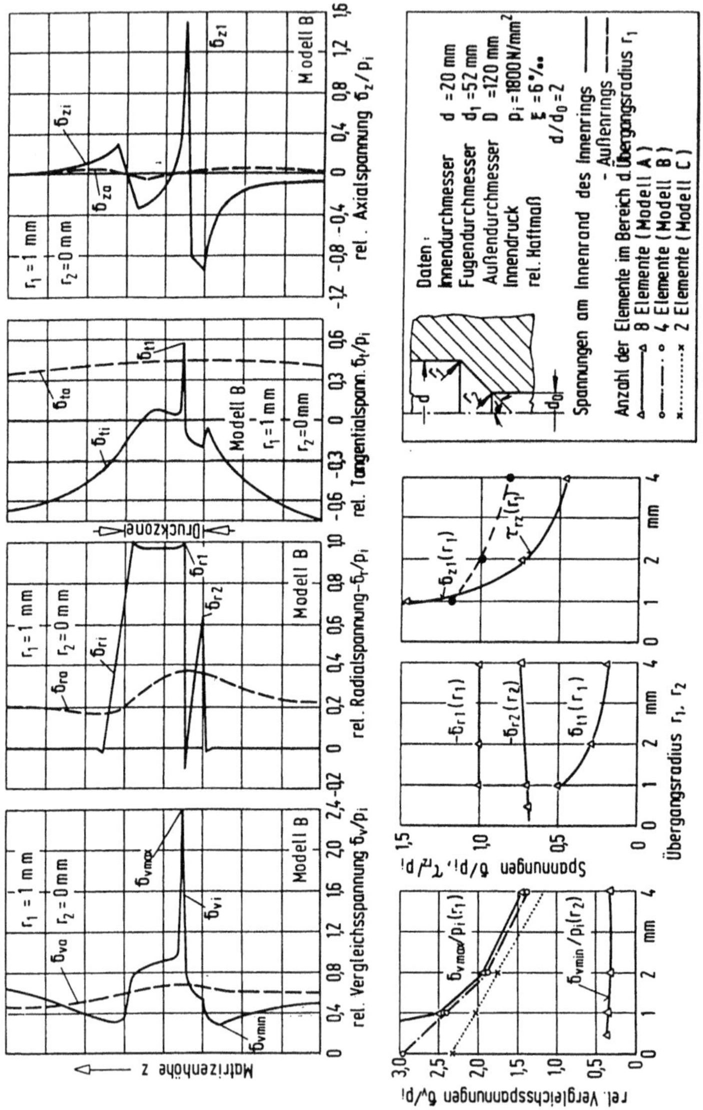

Bild 5: Spannungsverläufe entlang der Innenkontur der Matrize und des Armierungsrings eines Preßverbands mit abgesetzter Bohrung und Schulteröffnungswinkel 2α=120° /60/.

Weitere Arbeiten zur Aufweitung von Fließpreßmatrizen liegen von Kling /58/ und Hoffmann /72, 73/ vor, welcher die Boundary Element Methode (BEM) für die Berechnung des Aufweitungsverhaltens von Matrizen mit nichtrotationssymmetrischer Innenform verwendete. Lange und Szentmihályi /67/ und Schmieder /74/ setzten ebenfalls die BEM zur Ermittlung der Werkzeugdeformationen beim Querfließpressen von schrägverzahnten Stirnrädern ein. Weitere Beanspruchungsuntersuchungen mit der BEM stammen von Takahashi und Brebbia /75/.

Eine weitere Untersuchung zur Aufweitung und Rückfederung einer zylindrischen Matrize beim Napf-Rückwärts-Fließpressen stammt von Voelkner und Jähne /76/.

Grønbæk /77/ verwendet elastische FEM Berechnungen zur Auslegung von Werkzeugen mit bandgewickelten Armierungsringen.

2.2.2.4 Experimentelle Untersuchungen und Standmengenabschätzungen

Experimentelle Untersuchungen zum Ermüdungsversagen von Fließpreßmatrizen wurden am Institut für Umformtechnik der Universität Stuttgart von Reiss /16, 17/ und Hettig /65, 119/ durchgeführt. In diesen Untersuchungen wurden die Einflüsse des Werkzeugwerkstoffs und dessen Wärmebehandlung, der Oberflächenbearbeitung der Matrizen, sowie der geometrischen Auslegung der Matrize durch Fertigungs-Simulationsversuche ermittelt. Es liegen detaillierte Angaben zur Initiierung und zum Wachstum von Querrissen am Übergangsradius zur Preßschulter von abgesetzten Matrizen vor.

Mit Hilfe bruchmechanischer Kennwerte für den Matrizenwerkstoff konnte Reiss /16/ die einzelnen Phasen des Rißwachstums in der Matrize qualitativ erklären. Eine quantitative Abschätzung der Standmenge mit an Laborproben ermittelten Kennwerten ist jedoch nicht möglich.

Hänsel /66, 78/ entwickelte numerische Methoden zur Abschätzung der Werkzeugstandmenge. Mit Hilfe schädigungsmechanischer Betrachtungen wird die Rißinitiierungphase und mit Hilfe bruchmechanischer Betrachtungen die Rißausbreitungsphase abgeschätzt. Die Standmengenabschätzung setzt eine vollständige Berechnung der Werkzeugbeanspruchung während eines Belastungszykluses durch eine vorangegangene FEM Spannungsanalyse voraus.

Sind die notwendigen Werkstoffkennwerte für den Werkzeugwerkstoff vorhanden, so kann eine quantitative Standmengenabschätzung erfolgen. Die Methode wurde anhand der von Reiss /16/ und Hettig /65/ ermittelten Daten aus den Fertigungs-Simulationsversuchen erprobt und zeigte eine zufriedenstellende Übereinstimmung der berechneten und gemessenen Matrizenstandmengen.

Lange et al. /11/ und Csér et al. /12/ geben eine Übersicht über Konzepte zur Standmengenabschätzung. Csér und Geiger /79/ diskutieren die mögliche Anwendung von Expertensystemen zur Standmengenabschätzung.

2.3 FE-Prozeßsimulation in der Massivumformung

2.3.1 Übersicht zur Finite-Elemente-Methode (FEM)

Die Finite-Elemente-Methode ist ein numerisches Näherungsverfahren zur Bestimmung von Feldgrößen in einem Kontinuum. Dieses Verfahren ist universell anwendbar auf die Berechnung der Reaktionen eines Feldes auf äußere Randbedingungen. Deshalb kommt die FEM heute zur Lösung unterschiedlicher, ingenieurmäßiger Problemstellungen zum Einsatz /80/.

In dieser Methode wird das Kontinuum, in dessen Bereich die Feldgrößen berechnet werden sollen, in eine endliche (finite) Anzahl von Elementen unterteilt. Die Elemente sind an Knoten verknüpft. Die physikalischen Gesetzmäßigkeiten eines Problems oder Prozesses werden als ein Funktional formuliert. Innerhalb eines Elements wird das Funktional durch eine einfache, stetige Funktion in Abhängigkeit der Feldgrößenwerte an den Knoten des Elements angenähert. Die Funktion ist so zu bestimmen, daß keine Unstetigkeiten an den Knoten entstehen. Aus den lokalen Funktionen wird dann ein in Matrizenform darstellbares Gleichungssystem erstellt, das den Zusammenhang zwischen den unbekannten Feldgrößenwerten an den Knoten und den vorgegebenen äußeren Randbedingungen für das gesamte Kontinuum darstellt /80 - 83/.

Die Änderung der Feldgrößen als Reaktion auf vorgegebene Randbedingungen kann somit durch Lösung einer grossen Anzahl einfacher Gleichungen bestimmt werden. Diese Tatsache macht die FEM ideal für die Anwendung auf einem digitalen Rechner.

Eine FEM Analyse läßt sich nach Kobayashi /82/ und Roll und Tekkaya /81/ in sechs Abschnitte unterteilen:

1. Beschreibung des Problems und der Randbedingungen;
2. Räumliche Diskretisierung in Elemente;
3. Aufstellung der lokalen Elementfunktionen (Formulierung);
4. Zusammenstellung des globalen Gleichungssystems;
5. Numerische Lösung der globalen Gleichungen;
6. Auswertung der Ergebnisdaten.

Die Schritte 1, 2 und 6 müssen vom FEM Anwender für jedes Problem gesondert durchgeführt werden. Schritte 3 - 5 sind in den kommerziell erhältlichen FE-Programmen von den FE-Programmentwicklern für die gewünschte Problemstellung automatisiert. Nach Bereitstellung der Eingabedaten werden diese Schritte ohne Einwirkung des Anwenders vom Programm ausgeführt.

Die Qualität eines FE-Programms hängt im wesentlichen von der Formulierung der physikalischen Gesetzmäßigkeiten durch den FE-Programmentwickler ab. Die Effizienz hängt von den zur Lösung des globalen Gleichungssystems gewählten numerischen Methoden ab.

2.3.2 Anwendung in der Massivumformung

Die Entwicklung der theoretische Grundlagen für die Prozeßsimulation von Massivumformungsverfahren mit Hilfe der FEM erfolgte in den siebziger Jahren. Die Grundlagen sind ausführlich in /80/ dargestellt und sind in /1/ und /81/ zusammengefaßt. Für die Massivumformung wurden vier Formulierungsansätze von verschiedenen Forschern entwickelt, welche sich vornehmlich durch die Beschreibung der Stoffgesetze unterscheiden. Eine Diskussion dieser Ansätze findet sich in Roll und Tekkaya /81/.

Für eine generelle Anwendung in der Massivumformung eignet sich ein als starr-visko-plastisch bezeichneter Ansatz, welcher es erlaubt, die Abhängigkeit der Fließspannung von den Umformgeschwindigkeiten in der Simulation zu berücksichtigen. Dieser Zusammenhang muß bei der Simulation von Warmmassivumformungsverfahren unbedingt berücksichtigt werden. Beim starr-visko-plastischen Ansatz wird der elastische Anteil der Formänderungen vernachlässigt, womit sich die Rechenzeit stark verkürzt. Als Nachteil erweist sich, daß mit starr-visko-plastischen Programmen keine Rückfederungen oder Eigenspannungen im Werkstück berechnet werden können /81/.

Bei der FE-Simulation von umformtechnischen Prozessen sind die Gleichungen des globalen Gleichungssystems nicht-linear. Die numerische Lösung muß für jeden Zeitschritt iterativ ermittlet wird /83/. Als weitere Besonderheiten sind zu beachten:

- Die Prozesse sind meist instationär, und die Randbedingungen ändern sich fortlaufend. Es ist deshalb notwendig, eine zeitlich Diskretisierung des Umformvorgangs für die Simulation durchzuführen /81/. Am Ende einer Prozeßsimulation können die für festgelegte Zeitpunkte berechneten und gespeicherten Feldgrößen (z.B. Umformgrad, Umformgeschwindigkeit, Spannung, Temperatur) als Verteilung im Werkstück analysiert werden.
- Zur Berechnung des Temperaturfelds in Werkstück und Werkzeug wird bei der Simulation von Warmumformverfahren für jeden Zeitschritt eine gekoppelte thermische Wärmeflußsimulation durchgeführt /84/.
- Der in Wärme umgewandelte Anteil der Umformarbeit ist bei der Berechnung des Temperaturfelds mit einzubeziehen.
- An der Wirkfläche zwischen Werkstück und Werkzeug hat die Beschreibung des Reibungszustands einen großen Einfluß auf den berechneten Werkstofffluß.
- Die großen Formänderungen während der Umformung verursachen eine starke Verzerrung des FE-Netzes. Eine zu starke Verzerrung beeinträchtigt die Qualität der Lösung. Es muß eine Neugenerierung des Netzes und eine Übertragung der Feldgrößenwerte auf das neue Netz erfolgen /84/.

Die Qualität einer FE-Prozeßsimulation hängt von der Implementierung der oben erwähnten Besonderheiten durch den FE-Programmentwickler ab. Von Seiten des Anwenders wird die Qualität von mehreren Punkten beeinflußt:

- Genauigkeit der Eingabedaten;
- Gewählte räumliche und zeitliche Diskretizierung;
- Erfahrung des Anwenders in der Auswertung der Ergebnisdaten.

Die Vorteile der FEM gegenüber anderen Verfahren der Prozeßsimulation haben in den letzten Jahren zu einer verstärkten Verbreitung geführt. Die Vorteile sind sind:

- Flexibile Idealisierung unterschiedlicher Geometrien und Prozesse/34/;
- Der Bewegungszustand ist Teil der Lösung und muß nicht angenommen werden /33/;
- Die Lösung der thermodynamischen und plastizitätstheoretischen Feldprobleme kann am gleichen Modell erfolgen /34/;
- Eine Kopplung zur Berücksichtigung der gegenseitigen Beeinflussung des Temperaturfelds und des Spannungs- und Bewegungszustands ist möglich;
- Die Berechnung der Werkzeugbeanspruchung und -verformung kann am gleichen Modell erfolgen wie die Berechnung des Werkzeugtemperaturfelds.

Bis vor wenigen Jahren war die Prozeßsimulation von Massivumformungsverfahren aus praktischen Gründen (Rechenzeit, Datenspeicherbedarf) auf zwei-dimensionale Modelle beschränkt. Immense Steigerungen in der Leistung moderner Workstations und bedeutende Fortschritte im Bereich der automatischen Generierung von drei-dimensionalen Netzen erlauben jedoch heute, Berechnungen an drei-dimensionalen Modellen durchzuführen. Es werden inzwischen mehrere ausgereifte, kommerzielle drei-dimensionale Programmsysteme angeboten und in der Industrie eingesetzt.

2.3.3 Programmsysteme für die Massivumformung

Es werden heute mehrere kommerzielle Programme angeboten, die speziell für die Prozeßsimulation von Massivumformungsverfahren entwickelt wurden. Daneben gibt es mehrere Universalprogramme, die spezielle Module für eine Prozeßsimulation anbieten.

Die bekanntesten Spezialprogramme sind:

- DEFORM aus den USA;
- FORGE2 und FORGE3 aus Frankreich;
- ANTARES aus den USA;
- FINEL aus Deutschland.

Das in dieser Arbeit verwendete zwei-dimensionale Programmsystem DEFORM wird in Abschnitt 5.3.2 beschrieben.

Als Universalprogramme mit umformtechnischen Fähigkeiten kommen ABAQUS, ANSYS und MARC, alle aus den USA, zum Einsatz. Daneben gibt es eine große Anzahl von Programmen, welche in Universitäts- und Forschungsinstituten entwickelt und verwendet werden. 1984 wurde die Anzahl vorhandener Programme von Roll und Tekkaya /80/ weltweit bereits mit über 60 geschätzt.

Speziell für die Umformtechnik wurde in jüngster Zeit das umfangreiche, modern aufgebaute Programmsystem PSU (Prozeßsimulation in der Umformtechnik) in Deutschland und der Schweiz entwickelt, das zunächst Universitätsinstituten zur Verfügung steht /144, 145/.

2.4 Werkzeugwerkstoffe

In diesem Abschnitt sollen zu Referenzzwecken kurz die gebräuchlichsten Werkzeugwerkstoffe für die Warm- und Kaltmassivumformung aufgelistet und besprochen werden. Eine umfassende Darstellung bietet /128/.

2.4.1 Werkzeugwerkstoffe für die Warmmassivumformung

In der Warmmassivumformung kommen vornehmlich Warmarbeitsstähle zum Einsatz. Warmarbeitsstähle enthalten als wichtigste Legierungselemente Cr, Mo, W, V und Ni bei Kohlenstoffgehalten von 0,3 bis 0,6%. Für Anwendungen, die höchste Anforderungen an die Anlaß- und Wärmebeständigkeit stellen, werden heute zudem Co-legierte Warmarbeitsstähle eingesetzt. /9, 89/ In Tabelle 1 sind die wichtigsten Warmarbeitsstähle aufgeführt.

Gruppe	DIN - Bezeichn. oder Markenname	Werk.st. Nr.	AISI oder ASM	AISI Kategorie und Typ	C	Si	Mn	Cr	Mo	Ni	V
mittellegiert (NiCrMo-Stähle)	55NiCrMoV 6	1.2713	ASM 6F2	ASM: Low alloy tool steel	0,55	0,2	0,7	0,7	0,3	1,7	0,1
	Finkl FX	-	-		0,55	0,3	0,9	1,0	0,4	1,0	
	Uddeholm Toughtem	-	-		0,45	0,3	0,9	1,5	0,2	0,4	0,1
	56NiCrMoV 7	1.2714	-		0,55	0,2	0,7	1,1	0,5	1,7	0,1
hochlegiert (CrMoV-Stähle)	X38CrMoV 5 3	1.2343	H11	Hot work tool steels - H	0,38	1,0	0,4	5,3	1,3	-	0,4
	X40CrMoV 5 1	1.2344	H13	H1- H19 (chromium based)	0,40	1,0	0,4	5,3	1,4	-	1,0
	X32CrMoV 3 3	1.2365	H10		0,32	0,3	0,3	3,0	2,8	-	0,5
	X38CrMoV 5 3	1.2367	-		0,38	0,4	0,5	5,0	3,0	-	0,6
kobalt-legiert	X45CoCrMoV 5 5 3	1.2889	H19		0,45	0,4	0,4	4,5	3,0	Co 4,5	2,0

Tabelle 1: Warmarbeitsstähle - Klasszifizierung und chemische Zusammensetzung in Gew.-%.

Die Warmarbeitsstähle lassen sich in drei Gruppen unterteilen /9, 89/:

- **NiCrMo-Stähle**
  Diese Stähle werden bei schlagartiger Beanspruchung auf dem Hammer eingesetzt. Als Standardstahl wird heute in Deutschland der 56NiCrMoV7 (1.2714) verwendet.

  In den USA finden zwei Markennamenstähle, ähnlich dem 1.2714, weite Anwendung in der Schmiedeindustrie. Es sind dies der Finkl FX Stahl und der Uddeholm Toughtem Stahl. Diese beiden Stähle sind zum Vergleich ebenfalls in Tabelle 1 aufgeführt.

- **CrMoV-Stähle**
  Diese hochlegierten Stähle werden als Gesenkeinsätze und Vollgesenke beim Schmieden auf Pressen und Schmiedemaschinen eingesetzt.

- **Co-legierte Stähle**
  Diese hochanlaßbeständigen Warmarbeitstähle kommen bei erhöhter Werkzeugtemperatur zum Einsatz.

2.4.2 Werkzeugwerkstoffe für die Kaltmassivumformung

Werkzeugwerkstoffe für die Kaltmassivumformung müssen höchsten mechanischen Belastungen widerstehen können. Von den Werkstoffen wird Festigkeit, Härte, Zähigkeit und Verschleißbeständigkeit gefordert /7, 90/.

In Tabelle 2 sind die wichtigsten Kaltarbeitsstähle aufgeführt. Als Werkzeugwerkstoffe kommen zum Einsatz /90, 91/:

- **Werkzeugstahl**
  Diese niedriglegierten Werkzeugstähle werden heute nur noch selten verwendet.

- **Mittel- und hochlegierte Kaltarbeitsstähle**
  Diese anlaß- und verschleißbeständige Werkstoffe kommen bei mäßiger Beanspruchung zum Einsatz.

- **Ledeburitische 12%-ige Chromstähle**
  Diese Kaltarbeitsstähle, insbesondere der DIN-Stahl 1.2379 (AISI D2), gelten heute als Standardstahl für die Kaltmassivumformung. Sie besitzen eine hohe Härtbarkeit und einen guten Verschleißwiderstand.

- **Warmarbeitsstähle**
  Diese Stähle werden bei erhöhter Temperaturbeanspruchung eingesetzt. Der DIN-Stahl 1.2344 wird häufig für Armierungsringe verwendet.

- **Schnellarbeitsstähle**
  Diese Stähle zeichnen sich durch eine ausgezeichnete Verschleißbeständigkeit, Druckfestigkeit, sowie Zähigkeit aus. Als Standardstahl hat sich der S 6-5-2 (AISI M2) durchgesetzt.

- **Hartmetalle**
  Diese pulvermetallurgisch hergestelleten TiC-Legierungen kommen bei höchsten Ansprüchen an die Verschleißbeständigkeit zum Einsatz. Eine Tabelle der gebräuchlichsten Hartmetalle und ihre Zusammensetzung ist in /90/ aufgeführt.

Gruppe	DIN-Bezeichn.	Werk.st. Nr.	AISI oder ASM	AISI Kategorie und Typ	C	Si	Mn	Cr	Mo	Ni (Co)	V	W
Werkzeugstahl (Wasserhärter)												
niedrig-legiert	C105W1	1.1545	W1	Water-hardening tool steels - W	1,05	0,20	0,20	-	-	-	-	-
	100V1	1.2833	W2		1,00	0,20	0,20	-	-	-	0,10	0,10
Kaltarbeitsstahl												
mittel- und hochlegiert	X100CrMoV 5 1	1.2363	A2	Cold Work Tool Steel - A (Medium alloy air-hardening)	1,00	0,30	0,55	5,00	1,05	-	0,20	-
	100MnCrW 4	1.2510	O1	O (Oil-hardening)	1,00	0,25	1,10	0,60	-	-	0,10	0,20
	45WCrV 7	1.2542	S1	Shock-resisting tool steel - S	0,45	1,00	0,30	1,05	-	-	0,20	2,00
	X45NiCrMo 4	1.2767	ASM 6F7	ASM: Low alloy tool steel	0,45	0,20	0.40	1,35	0,25	4,00	-	0,50
	55NiCr 10	1.2718	-		0,55	0,20	0,45	0,60	-	2,75	-	-
lede-buritischer 12%-iger Chromstahl	X155CrVMo 12 1	1.2379	D2	Cold Work Tool Steel - D (high-carbon high-chromium)	1,55	0,40	0,40	12,0	0,70	-	1,00	-
	X210Cr 12	1.2080	D3		2,10	0,30	0,30	11,5	-	-	-	-
Warmarbeitsstahl												
mittellegiert	55NiCrMoV 6	1.2713	ASM 6F2	ASM: Low alloy tool steel	0,55	0,25	0,65	0,70	0,30	1,65	0,10	-
hochlegiert	X40CrMoV 5 1	1.2344	H13	Hot work tool steels - H (H1- H19 chromium based)	0,40	1,05	0,40	5,25	1,35	-	1,00	-
	X32CrMoV 3 3	1.2365	H10		0,32	0,30	0,30	3,00	2,80	-	0,55	-
	X40CrMoV 5 3	1.2367	-		0,40	0,40	0,45	5,00	3,00	-	0,90	-
	X45CoCrMoV 5 5 3	1.2889	H19		0,45	0,40	0,40	4,50	3,00	Co: 4,50	2,00	-

Tabelle 2: Kaltarbeitsstähle - Klassifizierung und chemische Zusammensetzung in Gew.-%. (Teil 1)

Gruppe	DIN - Bezeichn.	Werk.st. Nr.	AISI oder ASM	AISI Kategorie und Typ	C	Si	Mn	Cr	Mo	Ni (Co)	V	W
Schnellarbeitsstahl												
schmelz- und pulver-metallurg. erzeugt	S 6-5-2	1.3343	M2	High speed tool steels - M (molybdenum based)	0,90	0,45	0,40	4,15	5,00	-	1,85	6,35
	S 6-5-3	1.3344	M3/2		1,20	0,45	0,40	4,15	5,00	-	2,95	6,35
			M4		1,30	0,30	0,30	4,00	4,50	-	4,00	5,00
	S 2-10-1-8	1.3247	M42		1,10	0,30	0,30	3,75	9,50	Co: 8,00	1,15	1,50
	S 12-1-4-5	1.3202	T15	T (tungsten based)	1,40	0,45	0,40	4,15	0,85	Co: 4,50	3,75	12,00
	S 10-4-3-10	1.3207	T42		1,30	0,45	0,40	4,15	3,75	Co: 10,5	3,25	10,2[illegible]
Sonderstahl												
martensit-aushärtbar	X3 NiCoMoTi 18 9 5	1.2709	-	(Maraging steel)	0,03	≤ 0,10	≤ 0,15	≤ 0,25	4,85	18,0	Co: 9,50	Ti: 1,10

Tabelle 2: Kaltarbeitsstähle - Klassifizierung und chemische Zusammensetzung in Gew.-%. (Teil 2)

3 Zielsetzung der Arbeit

Aus der Literatur ist eine Vielzahl von Veröffentlichungen zum Ermüdungsversagen von Massivumformungswerkzeugen bekannt. Darin werden eine Anzahl von Versagenskriterien zur Abschätzung der Standmenge von Werkzeugen vorgeschlagen. Die Auswertung der Literatur zeigt jedoch, daß keine systematische Untersuchung mehrerer praktischer Versagensfälle zur Identifizierung der gemeinsamen Versagensursache vorliegt.

Es ist daher Zielsetzung dieser Arbeit, anhand mehrerer Versagensfälle aus der Praxis die gemeinsame Versagensursache zu identifizieren und ein in der Praxis anwendbares Konzept zur Auslegung von Massivumformwerkzeugen gegen Ermüdungsversagen zu entwerfen.

Zur Erreichung des gesetzten Ziels wurde folgende Aufgabenstellung formuliert:

- Identifizierung von repräsentativen Ermüdungsrißproblemen anhand der Literatur und durch Kontakte mit der Industrie;
- Entwicklung eines Konzepts, welches die Schadensanalyse der repräsentativen Versagensfälle ermöglicht;
- Untersuchung der ausgewählten Fälle mit dem Ziel, die zur Rißbildung führende Beanspruchung zu identifizieren;
- Weiterentwicklung des Schadensanalysekonzepts zu einem Auslegungskonzept, das die Abschätzung der Standmenge einer Prozeß- und Werkzeugauslegung frühzeitig während der Konstruktionsphase erlaubt.

Nach Durchsicht der Literatur zeigte sich, daß für eine Standmengenabschätzung unbedingt genaue Informationen zur Werkzeugbelastung und -beanspruchung bekannt sein müssen. Als geeignetstes Berechnungsverfahren zur Bestimmung dieser Informationen wurde die Finite-Element-Methode (FEM) identifiziert. Das Auslegungskonzept wurde deshalb unter Einbeziehung dieser numerische Berechnungsmethode entwickelt.

Bei der Implementierung des Auslegungskonzepts sollte besonderer Wert auf einen Einsatz in der Praxis gelegt werden. Daraus ergaben sich weitere wichtige Vorgaben:

- Verwendung kommerzieller Programmsysteme;
- Entwicklung von Analysetechniken, die die Auslegung von komplexen Problemen mit den heute vorhandenen zwei-dimensionalen Programmsystemen erlauben;
- Bereitstellung der für die Auslegung notwendigen Werkstoffkennwerte.

Zur Untersuchung kommen drei Versagensfälle aus der Industrie und die am Institut für Umformtechnik der Universität Stuttgart von Hettig /65/ durchgeführten Fertigungs-Simulationsversuche zum Fließpressen. Bei den vier Beispielen handelt es sich um ein Beispiel aus dem Warmschmiedebereich und drei Beispielen aus dem Kaltschmiedebereich.

Durch Auswertung dieser vier Versagensfälle wird eine gemeinsame Versagensursache identifiziert, und ein Versagenskriterium formuliert. Ein Auslegungskonzept zur Standmengenabschätzung von Massivumformungswerkzeugen wird entwickelt. Das Auslegungskonzept wird dann anhand der vier Fallbeispiele verifiziert.

Im abschließenden Teil dieser Arbeit werden Hinweise zur Installation und Anwendung des Auslegungskonzepts in der Praxis gegeben.

4 Ermüdungsversagen von Massivumformwerkzeugen

Werkzeuge der Massivumformung, welche durch Rißbildung an Übergangsradien versagen, haben in der Regel Standmengen von weniger als 20.000 Teilen. Für das Warmschmieden bietet die systematische Studie von Heinemeyer /14/ hierzu den Beweis. Für die Kaltmassivumformung kann der Beweis anhand einer Vielzahl von Fallbeispielen aus der Literatur /19, 65, 74, 77, 92, 93/ erbracht werden.

Die kurze Standmenge, sowie das Auftreten der Risse an Übergangsradien deuten darauf, daß 'Ermüdungsversagen im Niedriglastwechselbereich', im englischen Sprachraum als 'Low Cycle Fatigue' oder LCF bezeichnet, die Versagensursache darstellt. In der Literatur /7, 12, 46, 80, 82/ wird mehrfach auf diese Versagensart als Ursache der Rißbildung in Umformwerkzeugen hingewiesen

4.1 Low Cycle Fatigue

Bauteilversagen durch Rißbildung und -wachstum an Kerben unter hoher wechselnder Belastung nach weniger als 50.000 Lastwechseln wird als Low Cycle Fatigue klassifiziert /94, 95/.

Low Cycle Fatigue ist zudem durch das Auftreten einer lokalen plastischen Zone im am höchsten belasteten Bereich des Bauteils charakterisiert. Der überwiegende Teil des Bauteils wird elastisch beansprucht. An Kerben kommt es jedoch zu einer Spannungskonzentration und einer starken Dehnung des Werkstoffs über die Streckgrenze hinaus. Nach Entlastung federt der elastisch beanspruchte Teil des Bauteils zurück und führt zu einer Stauchung der plastisch verformten Zone. Dieser sich während jedes Belastungszyklus wiederholende Vorgang führt zu einer zyklischen Beanspruchung des Werkstoffs im Kerbgrund. Die Dehnungsamplitude im Kerbgrund wird von der elastischen Verformung des Gesamtbauteils bestimmt. Bei konstanter Belastungsamplitude ist somit für jeden Zyklus die Dehnungsamplitude im Kerbgrund konstant. Man spricht bei LCF deshalb auch von 'cyclic strain controlled fatigue' (zyklisch dehnungskontrollierte Ermüdung) /96, 97/. Zur Beschreibung des LCF Versagensvorgangs eignet sich deshalb besonders die Dehnungsamplitude, welcher der Werkstoff in der höchstbelasteten Zone des Bauteils ausgesetzt ist /101/.

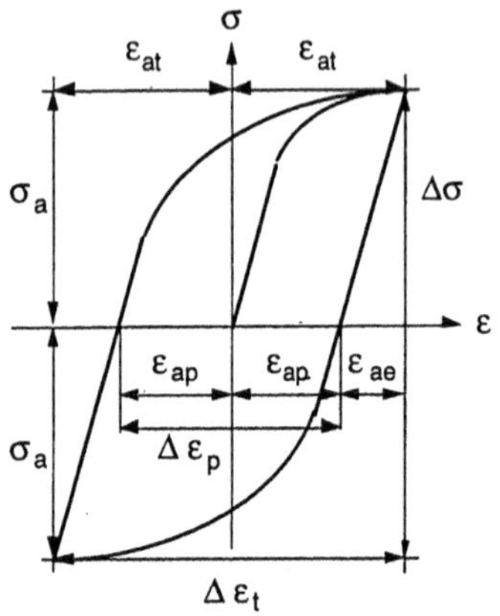

$\Delta\sigma$:	Spannungsbereich
σ_a:	Spannungsamplitude
$\Delta\varepsilon_t$:	Gesamtdehnungsbereich
$\Delta\varepsilon_p$:	plastischer Dehnungsbereich
ε_{at}:	Gesamtdehnungsamplitude
ε_{ap}:	plastische Dehnungsamplitude
ε_{ae}:	elastische Dehnungsamplitude

Bild 6: Spannungs-Dehnungs-Diagramm für zyklische Belastungen /95/.

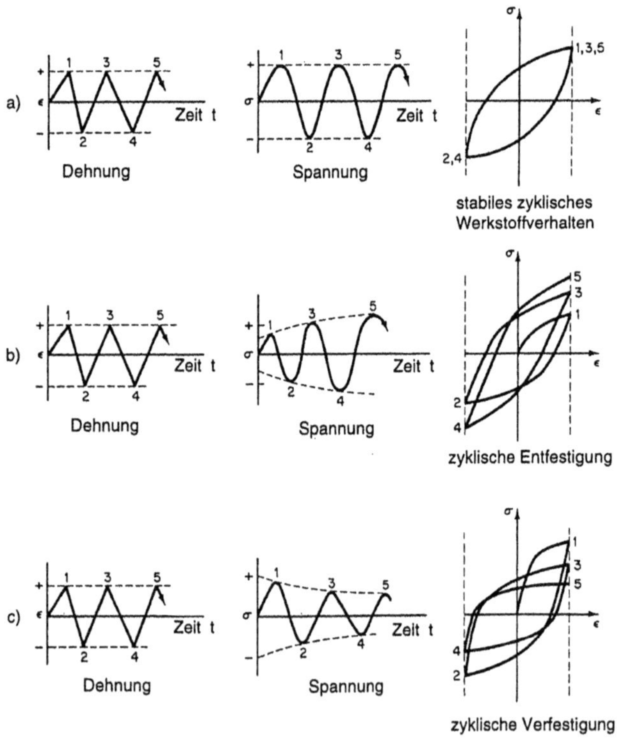

Bild 7: Werkstoffverhalten bei zyklischer, dehnungskontrollierter Belastung /97/.

Die zum Versagen führende Belastung eines Bauteils kann durch das Spannungs-Dehnungs-Diagramms eines an der höchstbelasteten Stelle liegenden Werkstoffelements dargestellt werden. Es ergibt sich eine die Belastung charakterisierende Hystereseschleife. Bild 6 zeigt schematisch den Verlauf des Diagramms und verdeutlicht die während eines Belastungszyklus auftretenden Spannungs- und Dehnungsanteile. Die Totaldehnungamplitude ε_{at} läßt sich in einen elastischen Anteil ε_{ae} und einen plastischen Anteil ε_{ap} unterteilen. Die Hystereseschleife wird durch die Totaldehnungsamplitude ε_{at} , die plastische Dehnungsamplitude ε_{ap} und der Spannungsamplitude σ_a hinreichend beschrieben. $\Delta\varepsilon_t$ und $\Delta\varepsilon_p$ werden als Gesamt- bzw. plastischer Dehnungsbereich bezeichnet.

Zur Bestimmung des Wechselverformungsverhaltens eines Werkstoffs werden zylindrische Proben wechselnden Belastungen in Dauerschwingversuchen ausgesetzt. Dabei wird eine der genannten Amplituden konstant gehalten. Man spricht von spannungs- und dehnungskontrollierten Dauerschwingversuchen.

Unter zyklischer Beanspruchung mit konstanter Dehnungsamplitude verändern die meisten Metalle ihr Verhalten. Die resultierende Spannungsamplitude nimmt zu oder ab. Bild 7 zeigt den Kurvenverlauf bei zyklischer Ver- und Entfestigung. Nach einer bestimmten Anzahl von Lastwechseln stabilisiert sich bei den meisten Werkstoffen die Spannungsamplitude. /95, 96/

Die Auswertung der Versuche liefert mehrere Kurven, welche das Wechselverformungsverhalten eines Werkstoffs beschreiben.

4.2 Beschreibung des zyklischen Werkstoffverhaltens

Zur Beschreibung des Werkstoffverhaltens unter zyklischer Beanspruchung existieren mehrere genormte Versuchsanordnungen. Für den LCF Bereich sind die Versuchspraktiken für Dauerschwingversuche in der von der American Society for Testing and Materials (ASTM) entwickelten und herausgegebenen amerikanischen Norm ASTM E 606 beschrieben.

4.2.1 Versuchsdurchführung nach ASTM E 606

Die amerikanische Norm ASTM E 606 /98/ gibt Richtlinien zur Durchführung von Dauerschwingversuchen. Es finden sich Angaben zu folgenden Punkten:

- Probengeometrien und Probenherstellung,
- Prüfmaschine und Instrumentierung,
- minimale Probenanzahl,
- Versuchssteuerung,
- Bestimmung des Versagenszeitpunkts,
- Auswertung.

In den Dauerschwingversuchen soll der Zusammenhang zwischen den zyklischen Spannungs- und Dehnungsamplitudenwerten und der Anzahl der ertragbaren Lastwechsel bis Versagen ermittelt werden.

Die Werkstoffproben mit zylindrischem Querschnitt werden einer Zug-Druck-Wechselbeanspruchung bis zum Versagen ausgesetzt. Im Versuch wird einer der Hystereseparameter (Spannungs-, Totaldehnungs-, oder plastische Dehnungsamplitude) konstant gehalten. Die Größe des Parameters wird variiert, um den Einfluß der Belastung auf die Standzeit zu untersuchen.

Die Auswertung der Versuche erfolgt entsprechend der Norm und ermöglicht die Darstellung des zyklischen Werkstoffverhaltens in zwei standardisierten Kurven:

- der zyklischen Spannungs-Dehnungs-Kurve,
- dem Lebensdauerdiagramm.

Beide Kurven werden zur Auslegung von dynamisch beanspruchten Bauteilen verwendet.

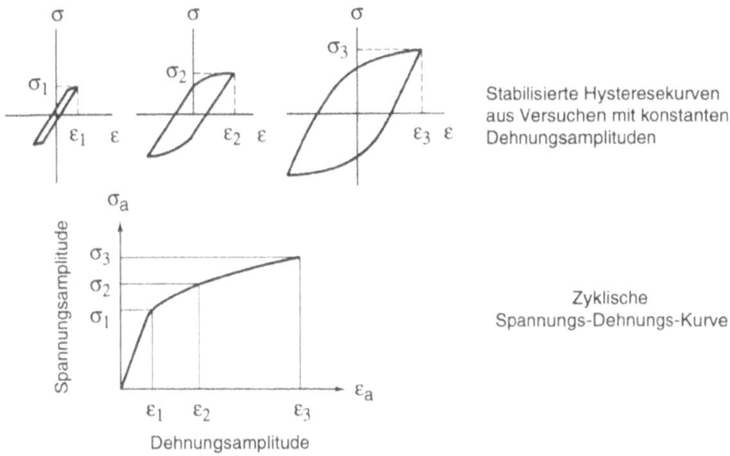

Bild 8: Bestimmung der zyklischen Spannungs-Dehnungs-Kurve /95/.

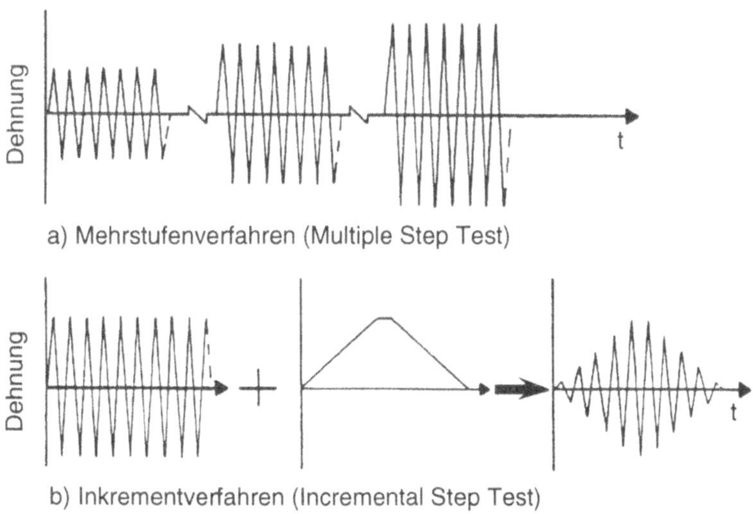

Bild 9: Versuchssteuerung während dehnungskontrollierter Versuche zur Ermittlung der zyklischen Spannungs-Dehnungs-Kurve /107/.

4.2.2 Die zyklische Spannungs-Dehnungs-Kurve

Zur Beschreibung des zyklischen Werkstoffverhaltens dient die zyklische Spannungs-Dehnungs-Kurve. Sie wird entsprechend Bild 8 durch das Verbinden der Spitzen mehrerer Spannungs-Dehnungs-Hysteresekurven, welche mit unterschiedlichen Dehnungsamplituden erzeugt wurden, konstruiert. Es werden dazu die im Versuch stabilisierten Hysteresekurven verwendet.

Bei der Durchführung von Dauerschwingsversuchen nach ASTM E 606 stammt jede Hysterese von einer separaten Werkstoffprobe. Es sind also mehrere Proben zur Erstellung der Kurve notwendig. Zur Reduzierung des Versuchsaufwands bei der Ermittlung der zyklischen Spannungs-Dehnungs-Kurve wurden von Landgraf et al. /107/ mehrere Verfahren entwickelt, bei denen aus einer Probe mehrere Hysteresekurven ermittlet werden können. In der Praxis haben sich heute zwei Verfahren durchgesetzt:

- Mehrstufenverfahren (Multiple Step Test, Bild 9 a)
  Die Probe durchfährt mehrere Belastungsabschnitte mit jeweils gesteigerter, konstanter Dehnungsamplitude. Durch Verbinden der Spitzen stabilisierter Hysteresekurven läßt sich die zyklische Spannungs-Dehnungs-Kurve bestimmen.
- Inkrementverfahren (Incremental Step Test, Bild 9b)
  Die Probe durchfährt mehrere Belastungsabschnitte mit zu- und abnehmender Dehnungsamplitude. Nach einigen Abschnitten stabilisiert sich das Werkstoffverhalten. Die Hysteresekurven eines Abschnitts werden zur Ermittlung der zyklischen Spannungs-Dehnungs-Kurve verwendet.

Die zyklische Spannungs-Dehnungs-Kurve dient zur Beschreibung des Werkstoffverhaltens und wird für die Auslegung von dynamisch beanspruchten Bauteilen verwendet. Nach Mowbray /99/ und Dowling /100/ eignet sich die zyklische Spannungs-Dehnungs-Kurve zur Werkstoffbeschreibung für elastisch-plastische Spannungsanalysen von Bauteilen, welche zyklisch belastet werden.

4.2.3 Lebensdauerdiagramme aus Dauerschwingversuchen

Das Lebensdauerdiagramm aus Dauerschwingversuchen wird in Form einer Dehnungsamplituden-Lastspielzahl-Kurve dargestellt. Die Kurve wird durch dehnungskontrollierte Dauerschwingversuche mit zylindrischen Proben ermittelt. Bild 10 zeigt schematisch ein solches Lebensdauerdiagramm.

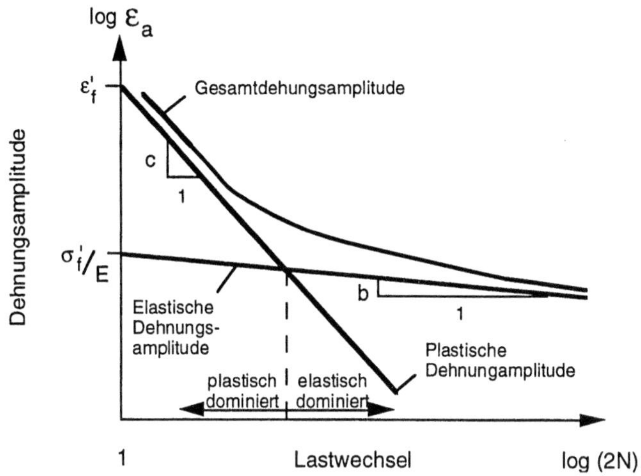

Bild 10: Schematische Darstellung eines Lebensdauerdiagramms aus dehnungskontrollierten Dauerschwingversuchen /94/.
b: Steigung der elastischen Geraden
c: Steigung der plastischen Geraden

Die Gesamtdehnungsamplitude ε_{at} läßt sich in einen elastischen Anteil ε_{ae} und einen plastischen Anteil ε_{ap} unterteilen. Die Gesamtdehnungsamplitude kann analytisch durch Gleichung (4.1) beschrieben werden:

$$\varepsilon_{at} = \varepsilon_{ae} + \varepsilon_{ap} = \frac{\sigma'_f}{E}(2N)^b + \varepsilon'_f (2N)^c \qquad (4.1)$$

mit
- 2N : Anzahl der Lastwechsel zur Rißinitiierung (N: Anzahl der Lastspiele)
- b bzw. c : Steigung der elastischen bzw. plastischen Geraden
- σ'_f : Bruchspannungskoeffizient
- $(\sigma'_f/E$: Schnittpunkt der elastischen Geraden mit 2N = 1)
- ε'_f : Bruchdehnungskoeffizient (Schnittpunkt der plastischen Geraden mit 2N = 1)

Die Konstanten b, c, σ'_f, ε'_f sind abhängig von dem Werkstoff, dessen Wärmebehandlungs- und Gefügezustand, der Prüftemperatur sowie der Oberflächenqualität der verwendeten Proben.

Die Ermittlung des Lebensdauerdiagramms mit dehnungskontrollierten Dauerschwingsversuchen ist sehr aufwendig. Ist das Lebensdauerdiagramm für einen bestimmten Werkstoff nicht vorhanden, so kann es mit Hilfe von Kennwerten aus der statischen und zyklischen Spannungs-Dehnungs-Kurve konstruiert werden.

4.2.4 Bestimmung des Lebensdauerdiagramms aus der statischen und zyklischen Spannungs-Dehnungs-Kurve

Die zyklische Spannungs-Dehnungs-Kurve eines Werkstoffs läßt sich ähnlich der Fließkurve analytisch entsprechend Gleichung (4.2) beschreiben /107/:

$$\sigma_a = K'(\varepsilon_{ap})^{n'} \tag{4.2}$$

mit
- n' : zyklischer Verfestigungsexponent (~ 0,10 - 0,20),
- K' : zyklischer Festigkeitskoeffizient,
- σ_a : Spannungsamplitude,
- ε_{ap} : plastische Dehnungsamplitude.

Ist die zyklische Spannungs-Dehnungs-Kurve bekannt, so kann der zyklische Verfestigungsexponent n' ermittelt werden. Die zur Bestimmung des Lebensdauerdiagramms notwendigen Konstanten b und c in Gleichung (4.1) lassen sich dann entsprechend Gleichungen (4.3) und (4.4) aus n' berechnen:

$$b = \frac{-n'}{1 + 5n'} \tag{4.3}$$

$$c = \frac{-1}{1 + 5n'} \tag{4.4}$$

Die weiteren Konstanten σ'_f bzw. ε'_f können entsprechend Gleichungen (4.5) bzw. (4.6) aus der Zugfestigkeit R_m, der Gleichmaßdehnung A_g und der Bruchdehnung A abgeschätzt werden. /94, 95/

$$\sigma'_f = R_m\,(1+A_g) \qquad (4.5)$$

$$\varepsilon'_f = \ln\,(1+ A\;) \qquad (4.6)$$

Mit Hilfe der berechneten Konstanten läßt sich das Lebensdauerdiagramm eines Werkstoffs entsprechend Gleichung (4.1) konstruieren.

4.3 Auslegung von Bauteilen gegen Ermüdungsversagen

Ermüdungsversagen entwickelt sich in drei Stufen /108/:

1. Anrißbildung,
2. Rißwachstum, wobei meist noch unterteilt wird in:

   Stadium I Rißwachstum
   Rißwachstum in Richtung der maximalen Schubspannungsebene bis zur Länge von einigen Gefügekörnern;

   Stadium II Rißwachstum
   Rißwachstum senkrecht zur Richtung der Zughauptnormalspannung;
3. Gewaltbruch des verbleibenden Querschnitts.

Zur Abschätzung der Bauteillebensdauer bis zum Gewaltbruch ist es notwendig, sowohl für den Abschnitt der Rißeinleitung, als auch den Rißwachstumsabschnitt eine Abschätzung durchzuführen.

Es ist jedoch notwendig, für jedes zu untersuchende Bauteil das zum Ende der Standzeit führende Versagenskriterium vor einer Lebensdauerabschätzung zu definieren. Für einen Großteil von technischen Bauteilen ist die nutzbare Standzeit schon vor einem möglichen Gewaltbruch beendet. Als Beispiel seien hier Sicherheitsteile aus der Luftfahrt und dem Kraftfahrzeugbau genannt. /104/

4.3.1 Auslegung von Umformwerkzeugen

Bei einer Standmengenabschätzung von Umformwerkzeugen erscheint es ausreichend, nur die Phase der Rißinitiierung zu untersuchen. Liegt die berechnete Standmenge bis zur Rißinitiierung deutlich unter der Standmenge, die gewöhnlich zum Verschleißversagen des Werkzeugs führt, so muß die Werkzeug- und Prozeßauslegung geändert werden.

Zur Auslegung von gekerbten Bauteilen gegen Ermüdungsversagen wurde in den vergangenen zwei Jahrzehnten eine Vielzahl von Methoden vorgeschlagen. Eine Zusammenfassung und Diskussion findet sich in /100, 101, 102, 103 und 78/.

Für die Abschätzung der Rißeinleitungsphase liegen einfach handhabare Methoden vor /105/. Im Kraftfahrzeugbau wird häufig von der Methode der lokalen Dehnung Gebrauch gemacht. Diese Methode erscheint auch als einfach anwendbar für die Lebensdauerabschätzung von Schmiedewerkzeugen.

4.3.2 Methode der lokalen Dehnung

Die lokale Dehnungsmethode beruht auf der Annahme, daß für einen bestimmten Werkstoffzustand gleiche Dehnungsamplituden stets zur gleichen Bauteillebensdauer bis zum Anriß führen /94/. Die Bauteillebensdauer bis zum Anriß unter zyklischer Belastung kann somit, entsprechend Bild 11, aus den an glatten Proben im Dauerschwingversuch ermittelten Lebensdauerdiagramm bestimmt werden. Hierzu muß jedoch die Dehnungsamplitude an der am höchsten belasteten Stelle im Bauteil berechnet werden. Die Vorgehensweise wird im folgenden Abschnitt erläutert.

4.3.3 Vorgehensweise

Zur Abschätzung der Standzeit bis zur Rißiniitierung eines Bauteils wird bei Anwendung der Methode der lokalen Dehnung entsprechend Bild 12 vorgegangen.

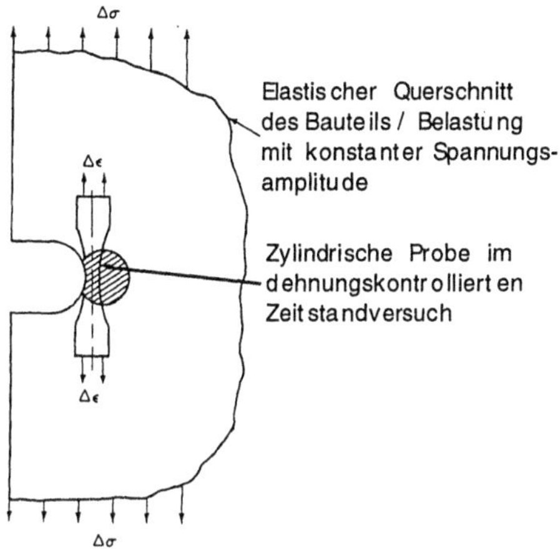

Bild 11: Analogie zwischen dem Werkstoffverhalten in gekerbten Bauteilen und in zylindrischen Proben im Dauerschwingversuch /97/.

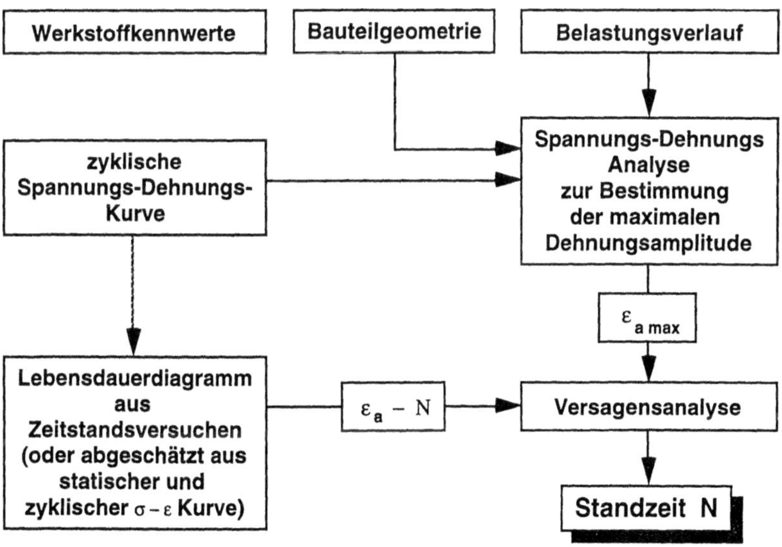

Bild 12: Vorgehensweise zur Bestimmung der Standzeit bis zur Rißinitiierung. nach /106/

Die Spannungs-Dehnungs-Analyse wird heute überwiegend mit FEM durchgeführt. Es ist jedoch notwendig, ein Programmsystem zu verwenden, welches eine elastisch-plastische Beschreibung des Werkstoffverhaltens erlaubt. Zur Bestimmung der Dehnungsamplitude muß ein gesamter Belastungszyklus berechnet werden.

Als Werkstoffkennwert sollte die zyklische Spannungs-Dehnungs-Kurve in der Simulation Verwendung finden. Liegt die zyklische Kurve nicht vor, so kann ersatzweise die im statischen Zugversuch ermittelte Kurve eingesetzt werden.

Die Versagensanalyse ist bei der lokalen Dehnungsmethode verhältnismäßig einfach. Die Standzeit bis zur Rißinitiierung wird mit Hilfe des Lebensdauerdiagramms aus dehnungskontrollierten Dauerschwingsversuchen ermittelt.

4.4 Versagenskriterium bei mehrachsiger Belastung

Das Lebensdauerdiagramm wird unter einachsiger Wechselbeanspruchung im Dauerschwingversuch ermittelt. Die meisten Bauteile unterliegen aber einer mehrachsigen Beanspruchung. Es ist deshalb notwendig, die mehrachsige Beanspruchung im Bauteil auf eine einachsige Beanspruchung zurückzuführen.

Der Einfluß eines mehrachsigen Spannungszustands ist schon seit den sechziger Jahren in verschiedenen Studien untersucht worden. Es wurden dabei mehrere Verfahren zur Zurückführung eines mehrachsigen Belastungszustands auf den einachsigen Versagensfall vorgeschlagen. Literaturübersichten zum Stand der Wissenschaft liegen von Krempl /109/, Brown und Miller /110/, Leese /111/ und Hänsel /78/ vor.

Die Verfahren lassen sich in drei generelle Vorgehensweisen unterteilen /111/:

- Umrechnung der mehrachsigen Beanspruchung auf einen einachsigen Vergleichswert mit Hilfe von Vergleichshypothesen;
- Verwendung der Energiedichte der plastischen Arbeit als Schädigungsfaktor;
- Verwendung von kritischen Versagensebenen, für die die Beanspruchung berechnet, und mit den einachsigen Werkstoffkennwerten verglichen wird.

In der Praxis haben sich vornehmlich die auf Vergleichshypothesen beruhende Verfahren durchgesetzt, da für die meisten anderen Verfahren zusätzliche Werkstoffkennwerte ermittelt werden müssen /112/.

Bei LCF Versagen eignen sich als Vergleichskennwerte zur Beschreibung der Beanspruchung drei Dehnungswerte an der am höchsten belasteten Stelle im Bauteil /112/:

- Zughauptdehnungsamplitude ε_{a1},
- Maximale Schiebungsamplitude γ_{maxa},
- Vergleichsdehnungsamplitude ε_{va}.

Nach einer Analyse von Fash et al. /112/ bieten alle drei Verfahren etwa vergleichbare Ergebnisse mit zufriedenstellender Übereinstimmung von berechneter Bauteillebensdauer und experimentell ermittelte Lebensdauer.

Alle drei Dehnungswerte lassen sich ohne weitere Aufbereitung aus den Ergebnisdaten einer FEM Spannungsanalyse ermitteln. Die Verwendung der Zughauptdehnung und der maximalen Schiebung beruht auf den physikalischen Vorgängen während der Rißentstehung und des Rißwachstums; sie werden deshalb bevorzugt angewendet /111/.

4.5 Anwendung auf Werkzeuge der Massivumformung

Anhand der Literatur wurden in den vorangegangenen Abschnitten dieses Kapitels die theoretischen Grundlagen für die Entwicklung eines Auslegungskonzepts gegen Ermüdungsversagen von Werkzeugen der Massivumformung vorgelegt.

Als wichtigste Punkte seien hier nochmals zusammengefaßt:

- Ermüdungrisse in Massivumformungswerkzeuge treten stets an hochbelasteten Übergangsradien auf. Low Cycle Fatigue (Kurzzeitermüdung) mit lokaler Plastifizierung wird deshalb als Versagensursache des Werkzeugwerkstoffs angenommen.

- Bei der Durchführung der Standmengenabschätzung für ein Werkzeug soll nur die Standmenge bis zur Rißinitierung untersucht werden. Es muß das Ziel einer Prozeß- und Werkzeugauslegung eines Umformwerkzeugs sein, die Rißinitierung in den Bereich der Standmenge zu verlegen, in der das Werkzeug durch Verschleiß unbrauchbar wird.

- Der Werkstoff in Übergangsradien wird mit einer konstanten Dehnungsamplitude belastet, obwohl das Gesamtwerkzeug mit konstanter Kraft, bzw. Spannungsamplitude belastet wird. Der mehrheitlich elastisch beanspruchte Querschnitt des Werkzeugs verformt sich bei jedem Umformvorgang gleich und sorgt somit für eine konstante Dehnungsamplitude an den hochbelasteten Übergangsradien.

- Die Methode der lokalen Dehnungen, welche die Dehnungsamplitude in der Bauteilkerbe mit Werkstoffwerten aus dem Dauerschwingversuch korreliert, erscheint deshalb als brauchbarer Ansatz.

- Zur Bestimmung der Lebensdauer muß der mehrachsige Beanspruchungszustand auf einen einachsigen Wert zurückgeführt werden. Die Verwendung der Zughauptnormaldehnungsamplitude erscheint physikalisch sinnvoll und einfach anwendbar.

- Für die Mehrheit der Werkzeugwerkstoffe von Massivumformwerkzeugen liegen keine zyklischen Werkstoffkennwerte vor. Es wurde deshalb ein Weg aufgezeigt, diese Werkstoffkennwerte mit vermindertem Aufwand zu ermitteln.

Die hier dargestellten Gedanken werden im folgenden Kapitel zur Erarbeitung eines Auslegungskonzepts für Massivumformwerkzeuge verwendet.

5 Auslegungskonzept für Werkzeuge der Massivumformung

Die in Abschnitt 4 besprochenen Beobachtungen zum Versagen von Werkzeugen der Massivumformung werden in diesem Abschnitt als Grundlagen für die Ausarbeitung eines Auslegungskonzepts für Werkzeuge der Massivumformung verwendet. Das Auslegungskonzept wird anhand mehrerer Beispiele aus der industriellen Praxis auf seine Anwendbarkeit überprüft. Die Ergebnisse werden in Abschnitt 6 dargestellt.

5.1 Grundsätzliche Überlegungen

Werkzeuge der Massivumformung versagen mehrheitlich durch die beiden Versagensarten Ermüdungsbruch und Verschleiß. Werkzeuge mit hoher Belastung versagen durch Ermüdungsbruch nach relativ geringen Standmengen, wie in Abschnitt 2 und zu Beginn von Abschnitt 4 schon dargelegt wurde.

Für Massivumformungswerkzeuge erscheint es daher ausreichend, während einer Auslegung gegen Ermüdungsversagen die Standmenge bis zur Rißinitiierung abzuschätzen. Während der Prozeß- und Werkzeugauslegung von hochbeanspruchten Werkzeugen sollte es Ziel der Auslegung sein, Rißbildung gänzlich zu umgehen, oder zumindest den Zeitpunkt der Rißinitiierung in einen Standmengenbereich zu verschieben, in dem Verschleiß zum Ausbau des Werkzeugs führt.

Eine zusätzliche Abschätzung der Rißausbreitungphase erscheint für eine Anwendung in der Praxis als wenig sinnvoll. Es kann für die meisten Werkzeuge weder mit Sicherheit noch vertretbarem Aufwand festgestellt werden, ob und wie lange mit dem angerissenem Werkzeug noch gute Teile produziert werden können. Außerdem führt bei Ermüdungsversagen die große Streuung in den erreichbaren Standmengen zu einer unerwünschten Verschlechterung der Prozeßsicherheit.

Bei der Entwicklung des hier dargelegten Auslegungskonzepts wurde deshalb auf eine Abschätzung der Rißausbreitungsphase verzichtet. Eine Diskussion möglicher Vorgehensweisen zur Abschätzung der Rißausbreitungsphase findet sich in /66/.

5.2 Vorgehensweise

Entsprechend Bild 12 benötigt ein Vorgehen nach der Methode der lokalen Dehnungen die folgenden Schritte, sofern die Werkstoffkennwerte und der Belastungsverlauf bekannt sind:

- Eine elastisch-plastische Spannungsanalyse zur Bestimmung des Werkstoffverhaltens an der am höchsten belasteten Stelle im Bauteil. Hierzu müssen neben den Werkstoffkennwerten auch der Belastungsverlauf bekannt sein.
- Eine Versagensanalyse mit Hilfe des Lebensdauerdiagramms des Werkstoffs und des entsprechenden Wärmebehandlungs- und Gefügezustands.

In der Umformtechnik ist der Belastungsverlauf während der Werkzeug- und Prozeßauslegung jedoch noch nicht bekannt. Mit Hilfe vereinfachter analytischer Ansätze wird während der Prozeßauslegung zur Auswahl der Umformmaschine eine Abschätzung der benötigten Kraft und Umformarbeit durchgeführt. Diese integralen Werte sind für eine zuverlässige Spannungsanalyse jedoch zu ungenau. Es muß daher als erster Schritt eine detaillierte Berechnung der Werkzeugbelastung erfolgen. Wie in Abschnitt 2.2.1.3 bereits dargelegt wurde, eignet sich hierfür am besten eine FE-Prozeßsimulation.

Eine FE-Prozeßsimulation bietet die Möglichkeit, die Verteilung und den Verlauf der Kontaktspannung und des Temperaturfelds im Werkzeug während des Umformvorgangs zu berechnen. Durch Auswertung der Ergebnisdaten kann der Zeitpunkt der maximalen Belastung zur Durchführung der Spannungsanlyse bestimmt werden.

Die Vorgehensweise des neuen Auslegungskonzepts gegen Ermüdungsversagen von Massivumformungswerkzeugen ist in Bild 13 dargestellt. Das Auslegungskonzept beinhaltet eine erste, vorläufige Auslegung von Prozeß und Werkzeug.

Die Prozeßbedingungen, welche die Standmenge beeinflussen, wurden in Abschnitt 2 besprochen und sind in Bild 3 zusammengefaßt. Eine Prozeßsimulation kann den Einfluß des Umform- und Füllungsgrads, der Fertigungsfolge, der Schmierung, der Werkzeuggrund- und Umformtemperaturen, sowie der maschinenspezifischen Einflußfaktoren Kinematik und Druckberührzeit untersuchen.

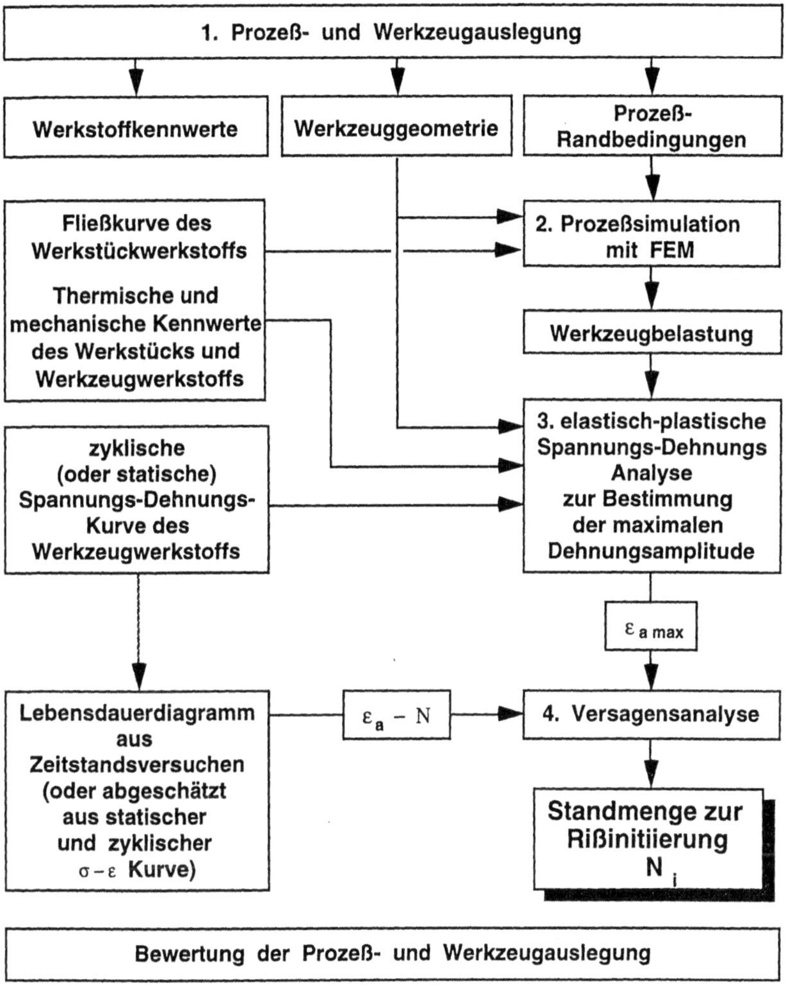

Bild 13: Vorgehensweise bei der Auslegung von Massivumformungswerkzeugen gegen Ermüdungsversagen.

In der rechten Spalte sind die einzelnen Schritte der Auslegung dargelegt. Das Auslegungskonzept gliedert sich in vier Teile:

1. **Prozeß- und Werkzeugauslegung**
   Während dieses ersten Abschnitts werden die Werkzeuggeometrie, der Werkzeugwerkstoff und sein Wärmebehandlungszustand, sowie die Prozeßbedingungen festgelegt.

2. **Prozeßsimulation**
   Die Prozeßsimulation dient zur Bestimmung des Zeitpunkts der maximalen Belastung des Werkzeugs während des Umformprozesses und der Ermittlung der entsprechenden Werkzeugbelastungsdaten (Kontaktspannung, Temperaturfeld) für die anschließende Spannungs-Dehnungs-Analyse. Als Eingabedaten werden die Prozeßbedingungen, die Werkzeuggeometrie, die Fließkurve des Werkstückwerkstoffs, sowie thermische und mechanische Kennwerte des Werkstück- und Werkzeugwerkstoffs.

3. **Elastisch-plastische Spannungs-Dehnungs-Analyse des Werkzeugs**
   In diesem Abschnitt wird die maximale Dehnungsamplitude im Werkzeug bestimmt.

4. **Versagensanalyse**
   Die Versagensanalyse erlaubt die Abschätzung der Werkzeugstandmenge mit Hilfe des Lebensdauerdiagramms.

Am Ende der Auslegung findet eine Bewertung des Prozesses und der Werkzeugkonstruktion hinsichtlich der abgeschätzten Standmenge statt. Ist die Standmenge unbefriedigend, so ist eine Änderung des Prozesses oder der Werkzeugauslegung notwendig. Nach Durchführung der Änderungen sollte das Schema nochmals Durchlaufen werden.

In der linken Spalte sind die benötigten Werkstoffkennwerte aufgeführt. Die zyklische Spannungs-Dehnungs-Kurve kann durch die quasi-statisch ermittelte Kurve ersetzt werden. Das Lebensdauerdiagramm kann bei Vorliegen der statischen und zyklischen Spannungs-Dehnungs-Kurven entsprechend Abschnitt 4.3.2 konstruiert werden.

5.3 Implementierung

Eine der wichtigsten Vorgaben bei der Implementierung des Auslegungskonzepts war, soweit möglich, kommerziell verfügbare Programmsysteme für die Prozeßsimulation und Spannungsanalyse zu verwenden. Diese Vorgehensweise ermöglichte eine einfachere Implementierung des Auslegungskonzepts. Außerdem wurde erhofft, eine schnellere Einführung des Auslegungskonzepts in der Industrie zu erzielen.

Die gesetzte Vorgabe konnte ohne größere Schwierigkeiten mit einer einzigen Ausnahme erreicht werden. Die Aufbereitung der von der Prozeßsimulation berechneten Kontaktspannungsdaten für die Spannungsanalyse mußte mit Hilfe eines eigens entwickelten Programms erfolgen. Die Gründe sind in Abschnitt 5.3.2 dargelegt.

5.3.1 Ablauf der Auslegung

Bild 14 zeigt das Ablaufdiagramm des implementierten Auslegungskonzepts. Es kommen drei kommerzielle Programmsysteme zum Einsatz:

- **I-DEAS** (Integrated Design Engineering Analysis System)
  Im Auslegungskonzept wird der I-DEAS Pre- und Postprocessing Modul für die Netzgenerierung, die Eingabedatenvorbereitung für die Spannungsanalyse, sowie die Ergebnisdarstellung verwendet. Dieses Programmsystem wurde wegen der großen Benutzerfreundlichkeit, den vorhandenen Schnittstellen zu den Prozeßsimulations- und Spannungsanalyseprogrammen, sowie der Vielseitigkeit in der graphischen Darstellung der Ergebnisse gewählt.

  I-DEAS ist ein Programmpaket mit mehreren Modulen für Solid Modeling, FE-Pre- und Postprocessing, sowie für unterschiedliche FE Berechnungen und wird von der amerikanischen Softwarefirma SDRC entwickelt und vertrieben.

- **DEFORM**
  DEFORM ist ein FE-Prozeßsimulationsprogramm für Massivumformungsverfahren. Eine detaillierte Beschreibung erfolgt in Abschnitt 5.3.1.

- **ABAQUS**
  ABAQUS ist ein universelles FE-Paket zur linearen und nichtlinearen Berechnung von statischen und dynamischen Problemen. Es wurde für das Auslegungskonzept zur Durchführung der Spannungsanalyse des Werkzeugs wegen seiner Fähigkeit zur Behandlung von elastisch-plastischen Werkstoffverhaltens gewählt. ABAQUS wird von der amerikanischen Firma Hibbett, Karlesson & Sorensen entwickelt und vertrieben.

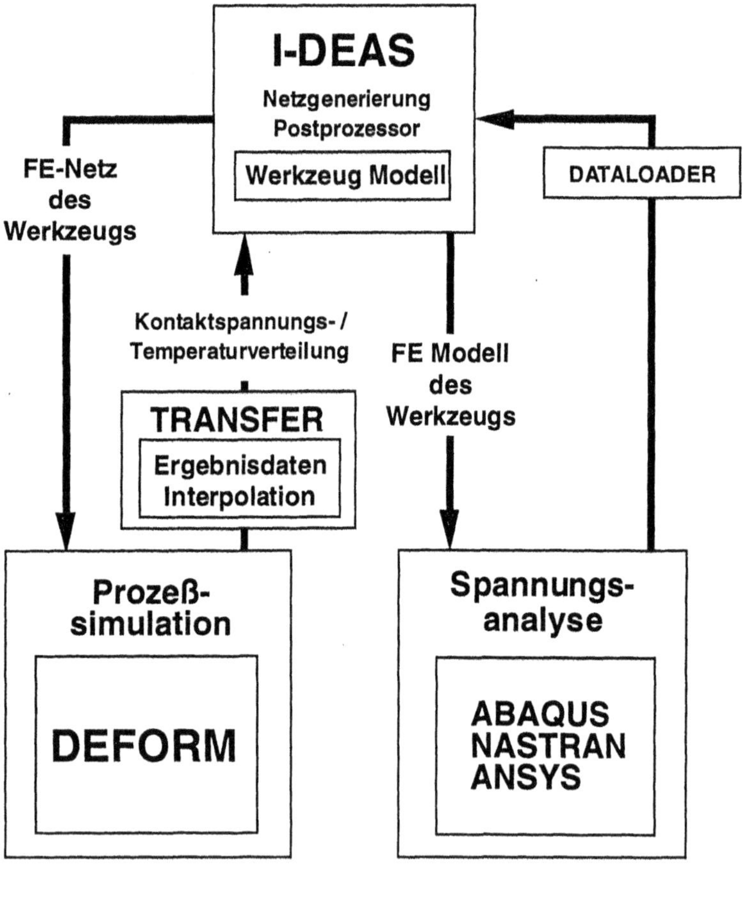

Bild 14: Ablaufdiagramm für das Auslegungskonzept.

I-DEAS wird während des gesamten Vorgangs als zentraler FE-Preprozessor für das Werkzeugmodell zur Netzgenerierung und Randbedingungserstellung verwendet. Während aller Teilschritte kommt das gleiche FE-Modell des Werkzeugs zur Anwendung. Dieses Modell kann für folgende Teilschritte verwendet werden:

- gekoppelte Wärmeflußsimulation in DEFORM, falls ein Warmumformungsverfahren analysiert wird;
- elastische Spannungsanalyse des Werkzeugs in DEFORM,
- elastisch-plastische Spannungsanalyse des Werkzeugs in ABAQUS.

Für die Simulation von Warmumformungsverfahren erlaubt die Verwendung gleicher Werkzeugnetze eine einfache Übertragung der Werkzeugtemperaturverteilung von der Prozeßsimulation auf die Spannungsanalyse.

Während der Anwendung des Auslegungskonzepts finden insgesamt vier Datenaustauschvorgänge statt, welche durch die Pfeile in Bild 14 dargestellt sind. Schnittstellen sind zwischen DEFORM und I-DEAS, sowie zwischen I-DEAS und ABAQUS vorhanden. Zur Aufbereitung der Kontaktspannungsdaten, welche von DEFORM berechnet werden, wurde das Interpolationsprogramm TRANSFER entwickelt.

5.3.2 Prozeßsimulationsprogramm DEFORM

DEFORM (**D**esign **E**nvironment for **FORM**ing) ist ein zweidimensionales FE-Programmsystem zur Durchführung von Prozeßsimulationen von Massivumformungsverfahren. Es basiert auf dem von Kobayashi und seinen Studenten an der University of California at Berkeley entwickelten starr-viskoplastischen Ansatz zur Beschreibung des plastischen Materialverhaltens und der thermomechanischen Koppelung zur Simulation von Warmumformungsverfahren. Die theoretischen Grundlagen von DEFORM sind in Kobayashi et al. /80/ detailliert dargelegt.

DEFORM ist eine Weiterentwicklung des Programmsystems ALPID (**A**nalysis of **L**arge **P**lastic **I**ncremental **D**eformation), welches mit US Air Force Mitteln entwickelt wurde und deshalb nicht exportiert werden konnte. Beide Programme wurden ursprünglich in den Battelle Columbus Laboratories entwickelt. Seit 1991 wird DEFORM von einer eigens gegründeten Software Firma SFTC (Scientific Forming Technologies Corporation) betreut und vertrieben. Weltweit wird DEFORM heute in etwa 50 Firmen und Universitäten eingesetzt.

Die wichtigste Eigenschaften zur Beschreibung des Programmsystems sind /84/:

- zwei-dimensionales Prozeßsimulationsprogramm für ebene und rotationssymmetrische Problemstellungen;
- starr-viskoplastisches Werkstoffmodell zur Berechnung von plastischen Formänderungen;
- Verwendung elastischer, thermo-elastischer und pulvermetallurgischer Werkstoffmodelle;
- integrierte Wärmeflußsimulation mit Kopplung zur Werkstoffflußsimulation;
- Behandlung des Reibungszustands an der Werkstück-Werkzeug Wirkfläche durch Reibzahlmodell (Reibzahl μ) oder Reibfaktormodell (Reibfaktor m);
- zwei-dimensionaler Netzgenerator;
- Automatische Netzregenerierung während der Simulation.

DEFORM besteht aus sieben Modulen /85/:

1. AMG (Automatic Mesh Generator), ein leistungsfähiges zwei-dimensionales Netzgenerierungsprogramm;
2. Input Preparation, ein interaktiver Programmteil zur Eingabe der für die Simulation notwendigen Daten;
3. Simulation Engine, der Programmteil in dem das Gleichungssystem zur Beschreibung des Problems erstellt und gelöst wird;
4. Remeshing, ein automatisches Netzregenerierungsprogramm, daß während des Ablaufs der Berechnung zu stark verzerrte Netze erneuert;
5. Postprocessing, der Programmteil mit dem die Ergebnisdaten aufbereitet und dargestellt werden;
6. Graphics Display, ein Programm zur graphischen Darstellung von Eingabe- und Ergebnisdaten am Bildschirm und auf Druckern;
7. CAD/CAM Interface, ein Schnittstellenprogramm zu mehreren CAD und FEM Programmen.

Das Programmsystem ist erhältlich in Versionen für UNIX Rechner und VAX Systeme.

Während einer Werkstoffflußsimulation können die Werkzeuge entweder als starre oder als elastische Körper modelliert werden. Werden die Werkzeuge als starr angenommen, so wird die Kontaktfläche des Werkzeugs in der zweidimensionalen Simulation als Kurvenzug aus Geraden und Radien dargestellt.

Für eine elastische Modellierung des Werkzeugs muß der Querschnitt mit einem FE-Netz diskretisiert werden. Zur Bestimmung der elastischen Spannungen und Dehnungen wird von DEFORM für jeden Zeitschritt anschließend an die Werkstoffflußsimulation eine elastische Spannungsanalyse durchgeführt. Diese zusätzlichen Simulationen erhöhen allerdings die Rechenzeit und den Speicherplatzbedarf einer Simulation.

5.3.2 Programm TRANSFER

Das vorgeschlagene Auslegungskonzept läßt sich nur dann effektiv anwenden, wenn sich der notwendige Aufwand für die Berechnungen in einem vertretbaren Rahmen hält. Diese Tatsache gilt besonders für den Datenaustausch zwischen den verwendeten Programmen. Jeder Austausch sollte automatisch ohne eine zusätzliche Datenaufbereitung durch den Anwender durchzuführen sein.

Die in den verwendeten Programmen vorhandenen Schnittstellen bereiten keine Schwierigkeiten, sofern die Daten in allen Programmen in der gleichen Darstellung verwendet werden können. Als Problem bei der Implementierung erwies sich jedoch die unterschiedliche Darstellung der Kontaktspannungen während der Prozeßsimulation und der Spannungsanalyse.

5.3.2.1 Beschreibung der Problematik

Die Problematik bei der Übertragung der Kontaktspannungsdaten von der Prozeßsimulation zu der Spannungsanalyse des Werkzeugs soll anhand Bild 15 verdeutlicht werden. Während eines Umformprozesses bildet sich an der Wirkfläche zwischen Werkstück und Werkzeug eine Zwischenschicht (Bild 15a). In dieser Zwischenschicht entsteht aufgrund der Umformkraft und Relativbewegung zwischen Werkstück und Werkzeug eine Kontaktspannung, welche in Komponenten normal und tangential zur Oberfläche von Werkzeug und Werkstück zerlegt werden kann /1/. Die Kontaktspannung stellt die mechanische Belastung des Werkzeugs dar.

Während der Prozeßsimulation kann das Werkzeug in zwei unterschiedlichen Arten modelliert werden:

A. starres Werkzeug mit Darstellung der Kontaktfläche als Geraden und Radien;

B. elastisches Werkzeug mit Vernetzung des Werkzeugquerschnitts.

Die Kontaktspannung wird von DEFORM in unterschiedlicher Darstellung berechnet. Für den Fall A und B ist die Kontaktspannung erhältlich:

- in Form der Normal- und Tangentialkomponenten an den Knoten des Werkstücks, die mit dem Werkzeug in Berührung kommen (Bild 15b);
- in Form der Normal- und Tangentialkomponenten der Knotenkräfte an den Grenzknoten des Werkstücks.

Für den Modellierungsfall B ist die Kontaktspannung zusätzlich darstellbar als:

- Normal- und Tangentialkomponente der Kontaktkräfte an den Grenzknoten des Werkzeugs.

Für die Spannungsanalyse des Werkzeugs ist es notwendig, die Kontaktspannung in Normal- und Tangentialkomponenten an den Grenzknoten des Werkzeugs als Belastungsdaten einzugeben (Bild 15c).

Bei Verwendung eines starren Werkzeugmodells während der Prozeßsimulation muß nach Beendigung der Simulation eine Übertragung der Kontaktspannungswerte auf das in I-DEAS gespeicherte Netz des Werkzeugs erfolgen. Die Problematik entsteht dadurch, daß die Grenzknoten von Werkstück und Werkzeug im allgemeinen nicht in ihren Koordinaten übereinstimmen. Es ist daher nicht einfach möglich, die Belastungsdaten direkt vom Werkstück auf das Werkzeug zu übertragen. Eine Interpolation der Daten von den Koordinaten der Grenzknoten des Werkstücks auf die Koordinaten der Grenzknoten des Werkzeugs ist für eine korrekte Übertragung notwendig.

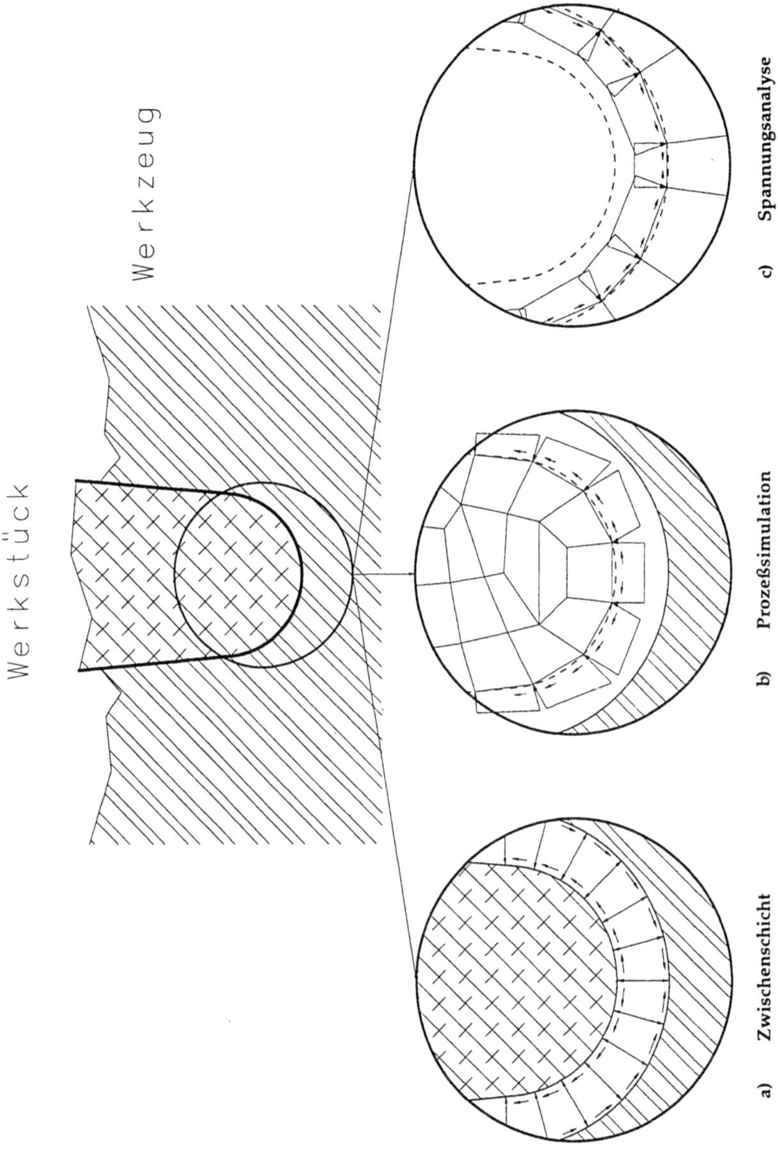

Bild 15: Darstellung der Kontaktspannungen in der Zwischenschicht an der Wirkfläche von Werkzeug und Werkstück.

Bei Verwendung eines elastischen Werkzeugs liegen die Knotenkräfte, welche die Kontaktspannung beschreiben, zwar an den Werkzeugknoten vor. Sie sind aber in einem Datensatz enthalten, der die Knotenkräfte aller das Werkzeug beschreibender Knoten enthält. Zur Bereitstellung der Daten für die Spannungsanalyse müssen die Kräfte an den Grenzknoten zunächst aussortiert werden.

Beide Schritte werden von dem Programm TRANSFER automatisch durchgeführt.

Die Problematik der Übertragung der Kontaktspannungsverteilung von einer Prozeßsimulation auf eine Spannungsanalyse des Werkzeugs wurde bereits von Westerling /40/ erkannt und bearbeitet. Nach Entwicklung und Veröffentlichung des Programms TRANSFER /86, 87/ wurde ein ähnliches Programm von Sobis et al. /88/ im Rahmen des PSU Projekts (Prozeßsimulation in der Umformtechnik) entwickelt.

5.3.2.2 Aufbau des Programms

Das Programm TRANSFER hat folgende Funktionen:

- Alle notwendigen Daten werden automatisch aus der DEFORM Datenbank für den gewünschten Lastschritt aufgerufen;
- Die Daten werden sortiert, um die benachbarten Werkstück- und Werkzeugknoten an der Wirkfläche zu bestimmen;
- Die Kontaktspannungsverteilung wird von den Werkstückknoten auf die Werkzeugknoten linear interpoliert. Bild 16 verdeutlicht den Vorgang anhand der Normalkomponente. Die Tangentialkomponente wird auf gleicher Weise interpoliert;
- Die aus der Kontaktspannungsverteilung resultierenden Knotenkräfte werden ebenfalls bereitgestellt. Dies ist notwendig, da viele Spannungsanalyseprogramme die Tangentialkomponente der Kontaktspannung nicht verarbeiten können und somit die Komponenten der Kontaktknotenkräfte als Belastungsdaten für die Spannungsanalyse verwendet werdn müssen;
- Alle für die Spannungsanalyse notwendigen Belastungsdaten werden in I-DEAS kompatiblen Dateien (Universal Files) abgespeichert.

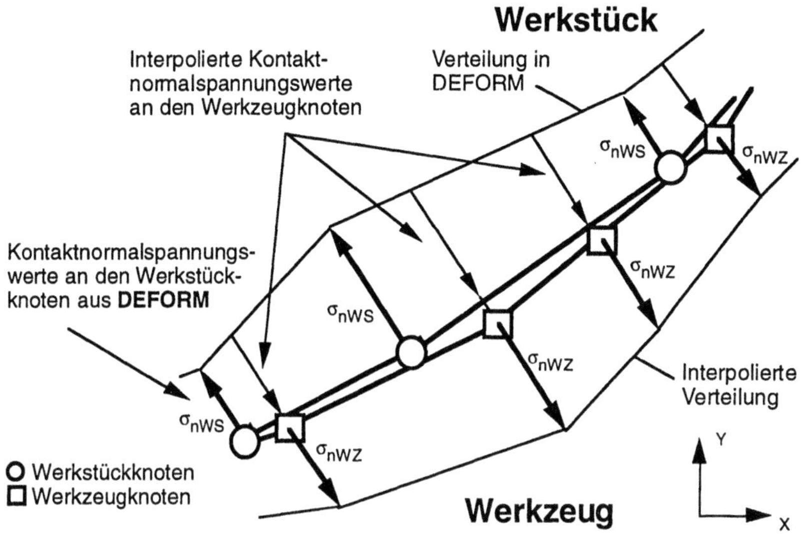

Bild 16: Interpolation der Kontaktspannungsverteilung dargestellt anhand der Normalkomponente.

Der Aufbau des TRANSFER Programms ist in Bild 17 dargestellt. Es besteht aus zwei Teilen:

1. Ein Steuerprogramm für die Kommunikation mit dem Benutzer und zur Aktivierung des DEFORM Datenausgabemoduls;

2. Ein FORTRAN Programm für die Sortierung der Daten, der Interpolation und der Datenausgabe.

Zur Zeit bestehen zwei Versionen des Programms für VAX-Systeme von Digital Equipment und eine UNIX Version für IBM RISC 6000. Die UNIX Version kann ohne Probleme auf Rechner anderer Hersteller portiert werden.

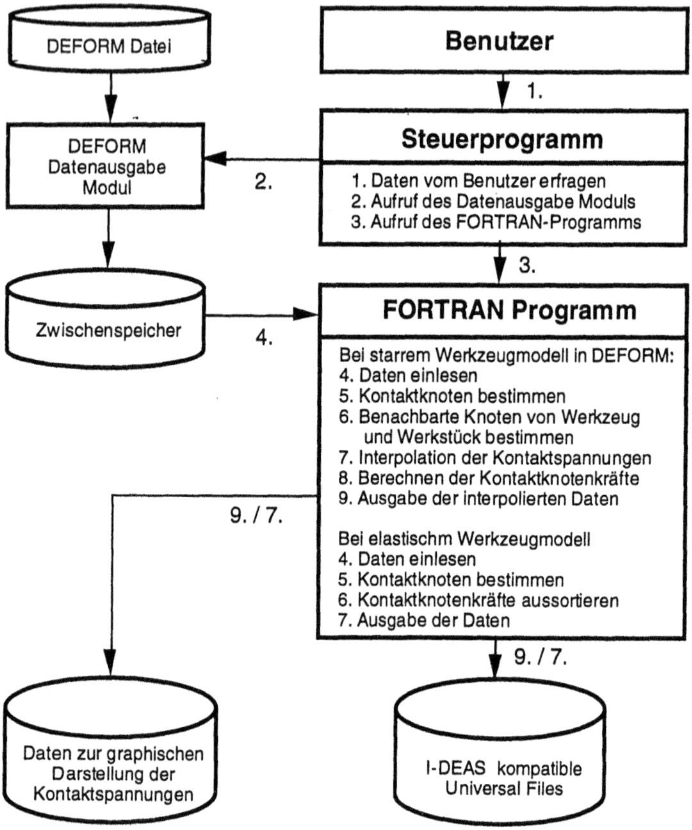

Bild 17: Aufbau des Programms TRANSFER.

5.3.3 Elastisch-plastische Analyse der Werkzeugbeanspruchung

Es ist das Ziel einer elastisch-plastischen Werkzeuganalyse, festzustellen, an welcher Stelle im Werkzeug die höchste Beanspruchung vorliegt, und ob diese Beanspruchung zu einer lokalen Plastifizierung des Werkzeugwerkstoffs führt. Findet eine Plastifizierung statt, so soll mit der Spannungsanalyse die maximale Dehnungsamplitude für eine Standmengenabschätzung ermittelt werden.

Zur Ermittlung der Dehnungsamplitude ist es notwendig, die Spannungsanalyse für mehrere Schritte während zweier Umformvorgänge durchzuführen. Für die Erstellung der Spannungs-Dehnungs-Hysteresekurve an der am höchsten belasteten Stelle im Werkzeug müssen mindestens drei Lastschritte analysiert werden:

1. Berechnung der Beanspruchung unter der maximalen Umformkraft während des Umformvorgangs;
2. Entlastung nach Entnahme des Werkstücks;
3. Erneute Beanspruchung mit der maximalen Umformkraft.

Diese drei Schritte sind allerdings nur für ein Kaltmassivumformungswerkzeug ohne Armierungsring, z.B. einen einteiligen Stempel, zutreffend. Für die unterschiedlichen Massivumformverfahren sind weitere Schritte notwendig.

Kaltmassivumformung mit armiertem Werkzeug
Es ist hier notwendig, den Einfluß des Armierungsrings auf den Spannungs-Dehnungs-Zustand in die Berechnung einzubeziehen. Der erste Lastschritt stellt somit das Aufbringen der Armierung dar. Bei der Belastung und Entlastung muß zudem stets der Anteil des Armierungsrings an der äußeren Belastung berücksichtigt werden.

Warmmassivumformungsverfahren
Bei der Simulation dieser Umformverfahren muß der thermische Anteil der Werkzeugbeanspruchung bei der Spannungsanalyse mitberücksichtigt werden. Es müssen deshalb die durch die Temperaturverteilung im Werkzeug hervorgerufenen thermisch bedingten Spannungen gleichzeitig mit den mechanischen bedingten Spannungen berechnet werden.

Die Ergebnisdaten werden für jeden Lastschritt gespeichert und können nach Beendigung der Simulation zur Auswertung und Darstellung in das vorhandene Modell des Werkzeugs in I-DEAS eingelesen werden.

Bei der elastisch-plastischen Spannungsanalyse handelt es sich ebenfalls um eine nichtlineare Problemstellung aufgrund der Nichtlinearitäten bei der Beschreibung des Werkstoffverhaltens. Daher muß auch hier die Lösung iterativ ermittelt werden. Da es sich jedoch nur um sehr kleine plastische Dehnungen handelt, kann sie Lösung meist schon nach einigen wenigen Iterationsschritten gefunden werden.

Zur Beschreibung des Werkzeugwerkstoffverhaltens sollte bevorzugt die zyklische Spannungs-Dehnungs-Kurve eingegeben werden. Liegt diese nicht vor, so kann ersatzweise auch die quasi-statische Kurve verwendet werden.

Nach Beendigung der Spannungsanalyse werden die Spannungs- und Dehnungswerte an der am höchsten belasteten Stelle ausgewertet und die maximale Dehnungsamplitude ermittelt.

5.3.4 Versagensanalyse

Die Versagensanalyse gestaltet sich verhältnismäßig einfach:

1. Bestimmung des maximalen Dehnungsamplitudenwerts, der als Kriterium für die Versagensanalyse verwendet werden soll;
2. Ermittlung der Anrißstandmenge mit Hilfe des Lebensdauerdiagramms des Werkstoffs.

5.3.4.1 Berücksichtigung des mehrachsigen Spannungszustands

Im allgemeinen entsteht in komplexen Bauteilen, um die es sich bei Umformwerkzeugen handelt, ein mehrachsiger Spannungszustand unter äußerer Belastung. Es ist daher notwendig, die Beanspruchung mit Hilfe einer Hypothese auf einen einachsigen Beanspruchungszustand zurückzuführen. In Abschnitt 4.4 wurden hierfür mehrere gängige Verfahren vorgestellt.

In Anlehnung an die Zughauptdehnungsversagenshypothese (St. Venant's Hypothese) /110/ wird unter anderem bei der Versagensanalyse von mehrachsigen Beanspruchungsfällen die Amplitude der Zughauptdehnung ε_1 zur Bestimmung der Standmenge mit Hilfe des Lebensdauerdiagramms verwendet.

Diese Vorgehensweise erscheint auch für eine Anwendung auf Massivumformwerkzeuge geeignet. Die Gründe, die zur Auswahl dieses Verfahrens führten, stellen sich wie folgt dar:

- Ermüdungsrisse in Massivumformwerkzeugen entstehen in Übergangsradien meist senkrecht zum Kerbgrund. In diesen Bereichen dominieren die hohen Zugnormalspannungen und -dehnungen das Versagen.
- Bei hohen Zugspannungsanteil der Beanspruchung wird beim Rißwachstum häufig kein Stadium I - Anteil festgestellt /97/. Das ist ein Anzeichen, daß die Zughauptnormalspannungen und Zughauptdehnungen einen wichtigen Anteil an der Rißbildung haben.
- Die Zughauptdehnung läßt sich sehr einfach aus den Ergebnissen der Spannungsanalyse gewinnen.

Für das hier entwickelte Auslegungskonzept wurde aus den oben dargelegten Gründen entschieden, die Amplitude der Hauptnormaldehnung ε_{a1} als Beanspruchungskennwert für die Versagensanalyse zu verwenden.

5.3.4.2 Verwendung des Lebensdauerdiagramms aus Zeitstandversuchen

Mit dem ermittelten Dehnungsamplitudenwert kann nun anhand des Lebensdauerdiagramms die Standmenge eines Werkzeugs bis zur Rißinitiierung abgeschätzt werden.

Im Laufe dieser Untersuchung konnten Lebensdauerdiagramme für einen Warmarbeitsstahl und einen Kaltarbeitsstahl ermittelt, bzw. aus der Literatur entnommen werden.

5.4 Werkstoffkennwerte

Zur Durchführung des Auslegungskonzepts werden verschiedene Werkstoffkennwerte für das Werkzeug und das Werkstück benötigt, wie in Bild 13 schon angedeutet wurde. In diesem Abschnitt sollen die benötigten Werkstoffkennwerte detaillierter dargestellt werden.

5.4.1 Werkstoffkennwerte für die Prozeßsimulation

Eine Prozeßsimulation benötigt die folgenden Werkstoffkennwerte:

Kaltmassivumformung

- Fließkurve des Werkstückwerkstoff
  Die Fließkurve für gängige Werkstückwerkstoffe kann einer der Fließkurvensammlungen, z.B dem Fließkurvenatlas /113/, entnommen werden, oder experimentell ermittelt werden.

- Elastische Kennwerte
  Der E-Modul und die Querkontraktionszahl werden für den Werkstückwerkstoff benötigt. Bei Verwendung eines elastischen Werkstoffmodells für das Werkzeug werden diese Kennwerte auch für den Werkzeugwerkstoff gefordert. Diese Werte sind in den Datenblätter der Stahlhersteller oder in Datensammlungen /114, 115/ verfügbar. Die Standardabschätzung für Stahlwerkstoffe ($E = 210.000\ N/mm^2$, $\nu = 0.3$) ist gegebenenfalls ausreichend genau.

Warmmassivumformung

- Thermische Kennwerte
  Für eine Prozeßsimulation eines Warmmassivumformungsverfahrens werden zusätzlich zu den oben erwähnten Kennwerten, thermische Werkstoffdaten für die Werkstück- und Werkzeugwerkstoffe benötigt. Es sind dies:

  1. Wärmeleitfähigkeit λ,
  2. spezifische Wärmekapazität c_p,
  3. Dichte ρ,
  4. Längenausdehnungskoeffizient des Werkzeugwerkstoffs α_l (bei elastischem Werkzeugmodell).

  Auch diese Werte sind aus den Datenblättern der Stahlhersteller oder aus Datensammlungen /114, 115/ erhältlich.

Kennwerte der Kontaktfuge

Zur Modellierung der physikalischen Vorgänge in der Kontaktfuge zwischen Werkstück und Werkzeug werden folgende Kennwerte, welche von der Werkstoffpaarung, dem Umformverfahren und dem verwendeten Schmierstoff abhängen, benötigt:

1. Reibfaktor m oder Reibzahl μ (siehe /8/ für Anhaltswerte);
2. Wärmeübergangszahl α (siehe /27, 33/ für Anhaltswerte).

Diese beiden Kennwerte zur Beschreibung der Vorgänge in der Wirkfuge stellen weiterhin noch den größten Unsicherheitsfaktor einer Prozeßsimulation dar. In der Literatur finden sich einige Anhaltwerte, die sich in den letzten Jahren bewährt haben.

5.4.2 Werkstoffkennwerte für die Spannungsanalyse

Eine elastisch-plastische Spannungsanalyse des Werkzeugs benötigt die folgenden Kennwerte des Werkzeugwerkstoffs:

- **Spannungs-Dehnungs-Kurve**
  Als wichtigster Kennwert wird die Spannungs-Dehnungs-Kurve gefordert. Bevorzugt sollte die zyklische Kurve verwendet werden, doch liegt diese in den wenigsten Fällen vor. Selbst die quasi-statische Spannungs-Dehnungs-Kurve wird von den Werkstoffherstellern nur im Ausnahmefall in den Datenblättern veröffentlicht. Ein Grund hierfür liegt in der Tatsache, daß der Kurvenverlauf im starken Maße von der Wärmebehandlung des Werkstoffs abhängt.

Im Laufe dieser Untersuchung wurde die zyklische Spannungs-Dehnungs-Kurve für einen Wärmebehandlungszustand des US Markenwarmarbeitsstahls Finkl FX (vergleichbar mit dem DIN-Stahl 1.2714) in Abhängigkeit von der Prüftemperatur ermittelt. Die Kurven sind im Anhang dargestellt.

In der Literatur konnten einige quasi-statische Spannungs-Dehnungs-Kurven gefunden werden. Außerdem konnte das zyklische Werkstoffverhalten eines Schnellarbeitsstahls, ähnlich des DIN-Stahls 1.3343 (S-6-5-2, AISI M2), aus der Literatur ermittelt werden. Alle Daten sind im Anhang enthalten.

5.4.3 Werkstoffkennwerte für die Versagensanalyse

Für die Versagensanalyse wird das Lebensdauerdiagramm aus Zeitstandversuchen (ε_a - N - Diagramm) des Werkzeugwerkstoffs und des entsprechenden Wärmebehandlungszustands benötigt. Die Erstellung dieser Diagramme ist äußerst kosten- und zeitintensiv. Für Werkzeugwerkstoffe der Kaltmassivumformung, welche Härten von über 60 HRC besitzen, stößt man bei der Werkstoffprüfung zudem auf technische Probleme. Es sind daher bisher kaum Daten veröffentlicht worden.

In Abschnitt 4.2.4 wurde eine Methode dargestellt mit der das Lebensdauerdiagramm aus den zyklischen und quasi-statischen Spannungs-Dehnungs-Kurven erstellt werden kann. Im Laufe dieser Untersuchung wurden mit dieser Methode Lebensdauerdiagramme für den bereits erwähnten US Markenwarmarbeitsstahl Finkl FX (vergleichbar mit dem DIN-Stahl 1.2714) in Abhängigkeit von der Prüftemperatur erstellt. Auch diese Kurven sind im Anhang enthalten.

In der Literatur konnte das Lebensdauerdiagramm eines Schnellarbeitsstahls, ähnlich des DIN 1.3343 (S-6-5-2, AISI M2), gefunden werden. Diese Kurven sind ebenfalls im Anhang enthalten.

5.5 Mögliche Anwendungsformen

Das Auslegungskonzept kann in zweifacherweise Anwendung finden:

- Bewertung einer Prozeß- und Werkzeugauslegung während der Konstruktionsphase hinsichtlich der Gefahr möglichen Ermüdungsversagens;
- Schadensanalyse von Werkzeugen, die vorzeitig durch Ermüdungsbruch ausfallen, sowie Bewertung von Änderungskonstruktionen zur Standmengenverbesserung.

Im Laufe dieser Untersuchung wurde das Auslegungskonzept zur Schadensanalyse auf drei industrielle Versagensfällen angewendet. Es wäre natürlich wünschenwert, das Konzept nun verstärkt zur prophylaktischen Analyse kritischer Prozeß- und Werkzeugauslegungen anzuwenden. Hierzu bedarf es aber einer noch stärkeren systematischen Anwendung der CAE-Techniken Prozeßsimulation und Werkzeugspannungsanalyse in den Schmiedebetrieben.

6 Numerische Analyse von Versagensfällen an realen Werkzeugen

In diesem Abschnitt wird die Anwendbarkeit und Zuverlässigkeit des in Abschnitt 5 entwickelten Auslegungskonzept anhand von drei Versagensfällen aus der industriellen Praxis, sowie anhand experimenteller Ergebnisse aus Laborversuchen eines Hochschulinstituts überprüft.

Die drei Versagensfälle stammen aus Umformbetrieben, welche industrielle Partner des Engineering Research Centers for Net Shape Manufacturing an The Ohio State University in Columbus, Ohio, U.S.A. sind. Zwei Fälle stammen aus den U.S.A. und ein Fall aus Japan. Die erste Untersuchung beschäftigt sich mit dem Warmschmieden, während die restlichen Untersuchungen sich mit dem Kaltschmieden befassen.

6.1 Gesenkversagen beim Warmschmieden von Titanlegierungen

6.1.1 Beschreibung des Umformprozesses

Dieser Versagensfall trat beim Warmschmieden eines großen Flugzeugtrageteils aus der Titanlegierung TiAl 6 V 4 auf. Das Teil hat einen T-förmigen Querschnitt und ist ca. 4,5 m lang. In der Mitte sind einige Nebenformelemente vorhanden. Mit Ausnahme der Querschnittsabmessungen konnte der Schmiedebetrieb aus vertraglichen Abmachungen mit seinem Kunden keine weiteren Angaben zur Geometrie des Bauteils machen.

Die Gesenkabmessungen von Ober- und Untergesenk betragen:

- 1.270 mm x 300 mm x 6.100 mm (50 x 12,3 x 240 in) für das Obergesenk,
- 1.270 mm x 425 mm x 6.100 mm (50 x 16,7 x 240 in) für das Untergesenk.

Die Querschnitte von Ober-, Untergesenk, sowie der geschmiedeten Vorform sind in Bild 18 dargestellt.

Das Werkstück wird vor der Umformung auf 950 °C erwärmt und in einer hydraulischen Großschmiedepresse mit 320 MN (35.000 englische Tonnen) Presskraft verschmiedet. Der gesamte Umformvorgang gliedert sich in zwei Abschnitte:

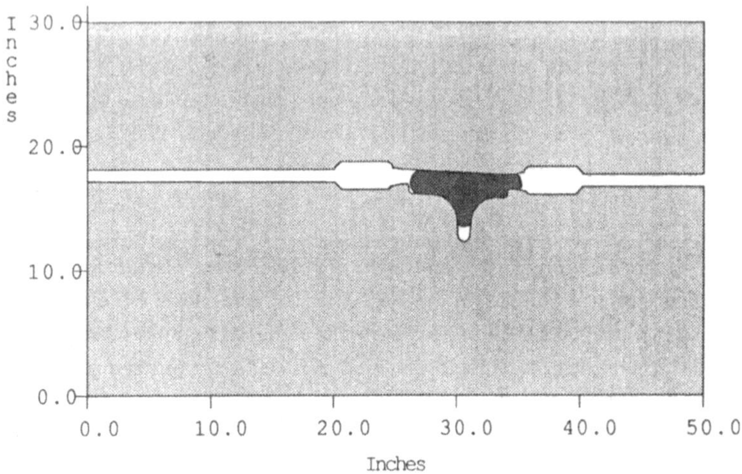

Bild 18: Querschnitt von Obergesenk, Untergesenk, sowie der eingelegten Vorform des Teils.

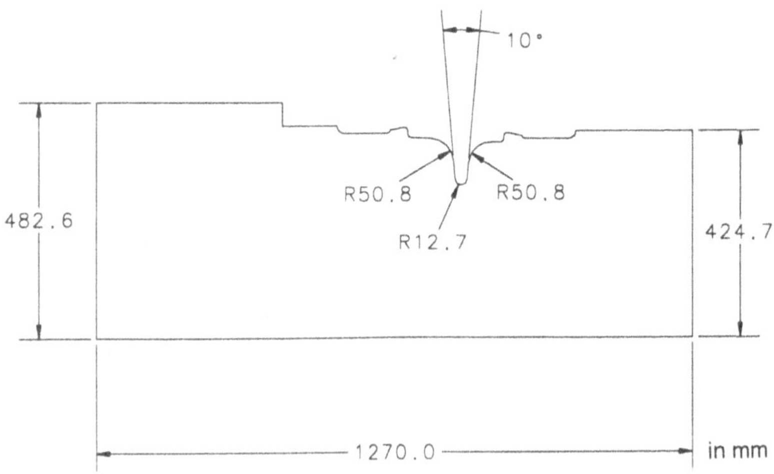

Bild 19: Bemaßter Querschnitt des Untergesenks (Dimensionen in mm).

- Umformen des Werkstücks mit einer Stößelgeschwindigkeit von 2,2 mm/s und einem Stößelweg von 16,4 mm, sowie einer Prozeßzeit von 7,5 s;
- Halten unter Last zum Ende der Umformung mit einer Dauer von 20 s.

Als Werkzeugwerkstoff wurde von der Schmiede der US Markenstahl Finkl FX (vergleichbar dem DIN-Stahl 1.2714) gewählt. Das Gesenk wurde beim Gesenkhersteller vor der Bearbeitung wärmebehandelt. Als Lieferzustand wurde die Anlaßstufe 2 (Anlaßtemperatur: 600 - 625 °C, Härte: 38-42 HRC) vorgeschrieben /116/. Bedingt durch die Größe des Gesenkblocks kann natürlich keine konstante Festigkeit über dem Querschnitt erreicht werden. Nach dem Versagen wurde in Inneren des Untergesenks eine Härte von 34 - 36 HRC ermittelt.

Das Untergesenk wird vor dem Produktionsbeginn auf 425 °C im Gasofen vorgewärmt und während der Produktion mit Gasbrennern auf Temperatur gehalten.

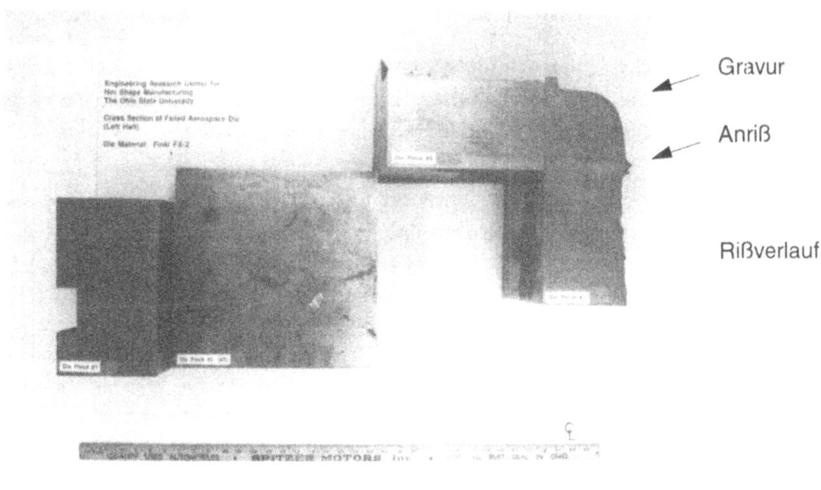

Bild 20: Herausgesägte Teile aus dem linken Querschnitt des gebrochenen Untergesenks. Die Gravur und der Bruchverlauf sind rechts oben im Bild zu sehen. (Gezeigtes Lineal in Inches)

Die Entscheidung für den NiCrMo-Warmarbeitsstahl Finkl FX wurde aufgrund wirtschaftlicher Gesichtspunkte gefällt. Allein der Gesenkblock für das Untergesenk hat ein Gewicht von ca. 27 t und somit einen Preis von etwa $60.000. Bei Verwendung eines höher legierten Warmarbeitsstahl hätte sich der Preis des einen Gesenkblocks mehr als verdoppelt. Da vom Kunden nur einige hundert Teile bestellt wurden, wurde von der Schmiede aus Kostengründen entschieden, diese geringe Anzahl von Teilen mit einem Gesenksatz aus dem niedriglegierten Stahl zu produzieren.

Nach der Fertigbearbeitung wurden die Werkzeugkosten des Untergesenks mit ca. $100.000 geschätzt.

6.1.2 Beschreibung des Versagensfalls

Nach etwa 300 geschmiedeten Teilen trat während des Umformvorgangs ein katastrophaler Bruch des Untergesenks auf. Der Riß entstand im 12,7 mm Gravurradius des Untergesenks und wuchs dann in vertikaler Richtung in den Querschnitt (Bild 19). Bild 20 zeigt die linke Hälfte des Querschnitts durch das gebrochene Untergesenk. Der Bruchverlauf ist rechts oben im Bild gezeigt.

Metallographische Untersuchungen des Schmiedebetriebs zeigten keine Fehler im Werkstoff, die zum Bruch führen konnten. Die Anzahl der geschmiedeten Teile ließ Gewaltbruch durch Überlastung ebenso ausschließen.

Es sollte daher mit Hilfe des entwickelten Auslegungskonzepts untersucht werden, ob Ermüdungsversagen zum Bruch des Untergesenks führte.

6.1.3 Analyse des Versagensfalls

Zur Untersuchung des Versagensfalls wurde die in Abschnitt 5 dargelegte Vorgehensweise angewandt. Es wurden 4 Schritte durchgeführt:

- Prozeßsimulation,
- Ermittlung der notwendigen Werkstoffkennwerte,
- Spannungsanalyse für mehrere Belastungspunkte,
- Versagensanalyse.

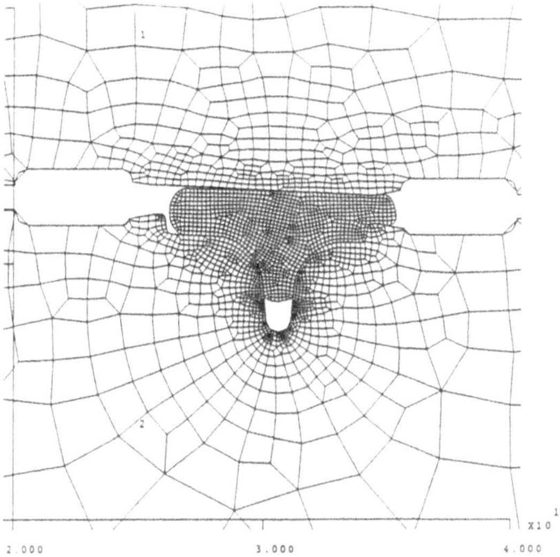

Bild 21: FEM Diskretisierung von Werkstück und Werkzeug im Bereich der Kontaktfläche.

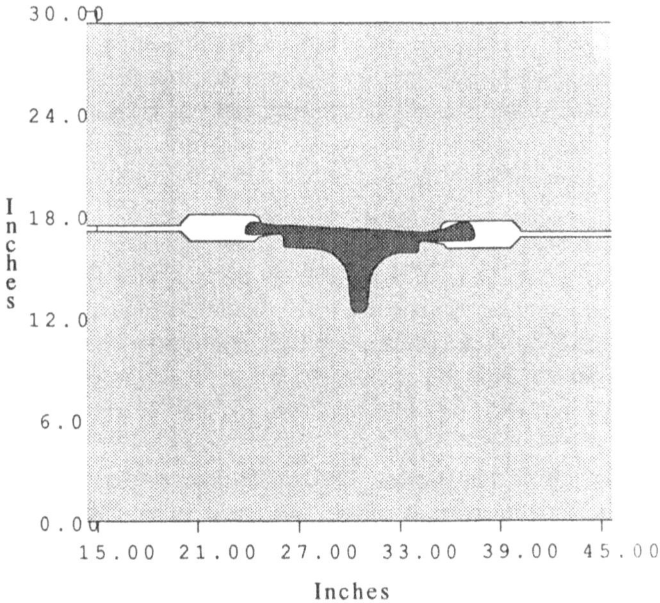

Bild 22: Berechnete Werkstückgeometrie zum Ende der Umformung.

6.1.3.1 Prozeßsimulation zur Bestimmung der Gesenkbelastung

Zur Bestimmung der Belastung des Untergesenks wurde eine zweidimensionale Prozeßsimulation mit dem Programm DEFORM unter der Annahme eines ebenen Dehnungszustands im Werkstück durchgeführt. Dies bedeutet, daß kein Werkstofffluß in der Längsrichtung zugelassen wird, und somit die Dehnungen in Längsrichtung gleich null sind. Diese Annahme ist für das lange Teil mit annähernd konstantem Querschnitt zutreffend.

Zur Durchführung der gekoppelten Werkstoff- und Wärmeflußsimulation wurden die Querschnitte des Werkstücks und beider Gesenke vernetzt. Bild 21 zeigt die verwendeten Netze. Im Bereich der Kontaktfläche aller drei Objekte ist die Vernetzung aufgrund der zu erwarteten steilen Temperatur-, Spannungs- sowie Dehnungsgradienten stark verfeinert. Bild 22 zeigt die berechnete Werkstückform nach der Umformung.

Die Werkzeugbelastung während eines Umformvorgangs konnte nach Durchführung der Simulation ermittelt werden. Bild 23a zeigt die Temperaturverteilung in Werkstück und Werkzeug zum Ende der Umformung. Bild 23 b stellt den Temperaturverlauf an drei Punkten an der Gravuroberfläche des Untergesenks während eines gesamten Prozeßzyklus dar. Aufgrund mangelnder Angaben zum Takt der Fertigung, sowie zur Temperaturführung des Werkzeugs zwischen zwei Werkstücken, wurde zu Beginn der Simulation eine konstante Werkzeugtemperatur von 425 °C angenommen.

Der berechnete Kraft-Weg-Verlauf ist in Bild 24 gezeigt. Da es sich um eine zweidimensionale Simulation mit ebenem Dehnungszustand handelt, errechnet das Programm die Umformkraft als Kraft/Längeneinheit (MN/mm). Zur Abschätzung der benötigten Umformkraft muß dieser Wert mit der Länge des umgeformten Teils multipliziert werden. Die höchste Kraft wird am Ende des Stößelwegs erreicht.

Die mit dem Programm TRANSFER interpolierte Kontaktnormalspannungsverteilung am höchsten Kraftpunkt ist in Bild 25 dargestellt. Die höchsten Werte liegen an der konvexen Gravurschulter und erreichen 825 N/mm^2. Im Gravurradius erreichen die Kontaktspannungen Werte von 680 - 700 N/mm^2.

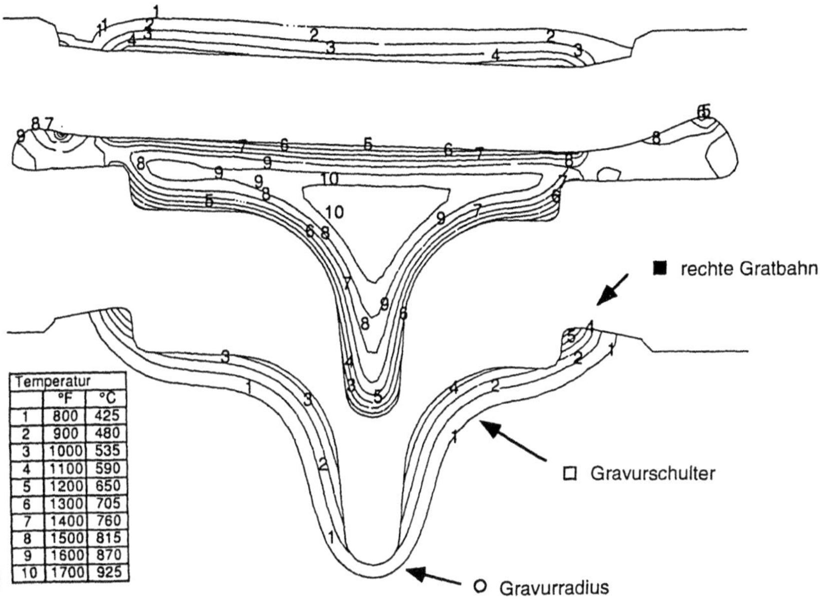

Temperatur		
	°F	°C
1	800	425
2	900	480
3	1000	535
4	1100	590
5	1200	650
6	1300	705
7	1400	760
8	1500	815
9	1600	870
10	1700	925

a)

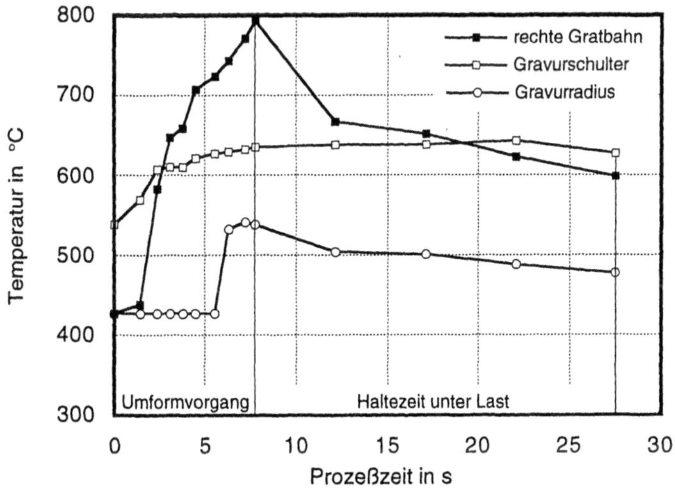

b)

Bild 23: Temperaturverteilung und -verlauf in Werkstück und Werkzeug:
a) Temperaturverteilung zum Ende der Umformung,
b) Temperaturverlauf an drei Stellen an der Kontaktfläche des Untergesenks.

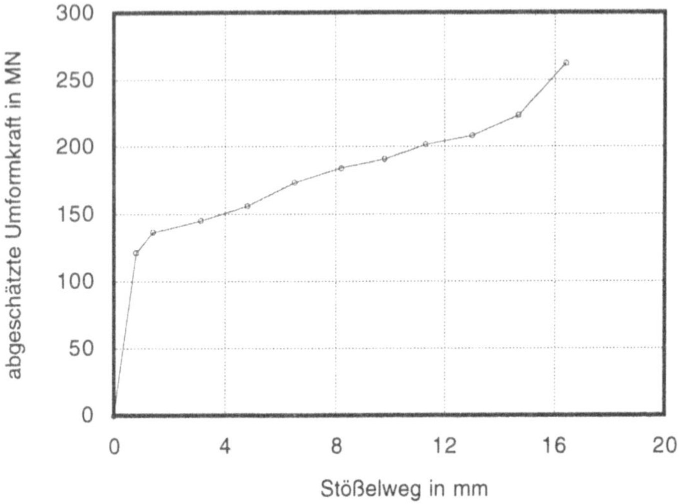

Bild 24: Berechneter Kraft-Weg-Verlauf für die Umformung.

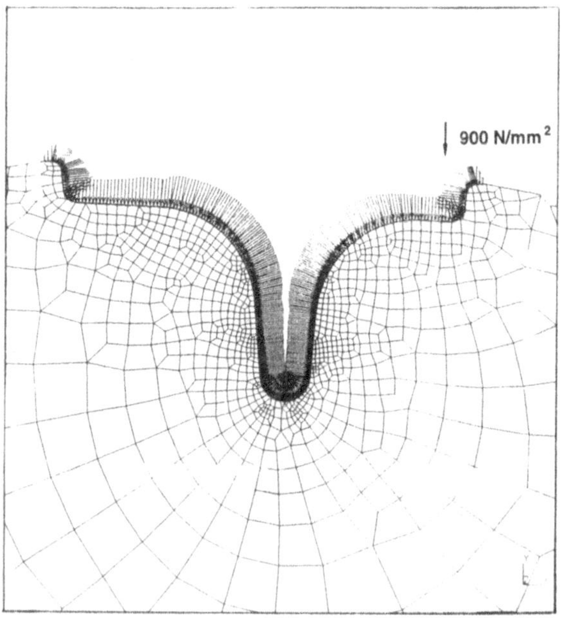

Bild 25: Kontaktnormalspannungsverteilung zum Ende der Umformung.

Nach Durchführung der Prozeßsimulation wurden einige markante Zeitpunkte während zweier Umformvorgänge für die Spannungsanalyse des Untergesenks ausgewählt. Zunächst mußten jedoch die notwendigen Werkstoffkennwerte bestimmt werden.

6.1.3.2 Bestimmung der notwendigen Werkstoffkennwerte

Zur Durchführung der Spannungs- und Versagensanalyse lagen keine Werkstoffkennwerte für den Gesenkwerkstoff vor. Es wurden deshalb aus der Mitte des gebrochenen Untergesenks Proben zur Bestimmung der zyklischen Spannungs-Dehnungs-Kurven entnommen.

Insgesamt wurden drei zyklische Spannungs-Dehnungs-Kurven bei drei unterschiedlichen Prüftemperaturen aufgenommen:

- 427 °C (800 °F),
- 538 °C (1000 °F),
- 593 °C (1100 °F).

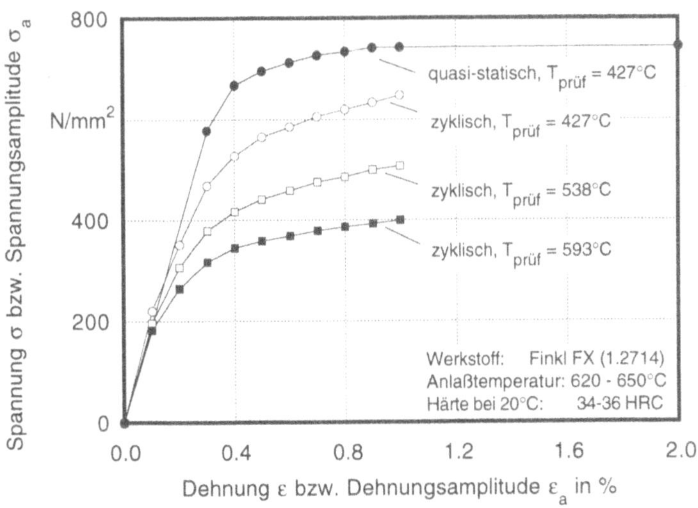

Bild 26: Quasi-statische und zyklische Spannungs-Dehnungs-Kurven des Warmarbeitsstahls Finkl FX bei unterschiedlichen Prüftemperaturen.

Für die Werkstoffprüfung wurde das Inkrementverfahren verwendet. Bei jeder Prüftemperatur wurden zwei Proben untersucht. Die Proben besitzen bei Raumtemperatur eine Härte von 34 -36 HRC.

Die ermittelten zyklischen Spannungs-Dehnungs-Kurven sind in Bild 26 gezeigt. Zum Vergleich ist eine bei 427 °C ermittelte quasi-statische Spannungs-Dehnungs-Kurve aufgetragen. Der Warmarbeitsstahl Finkl FX zeigt bei erhöhter Temperatur zyklische Entfestigung.

6.1.3.3 Spannungsanalyse des Untergesenks

Eine elastisch-plastische Spannungsanalyse wurde für fünf Zeitpunkte während zweier Umformvorgänge durchgeführt. Die Berechnung von zwei Umformvorgängen ist zur Bestimmung der Spannungs-Dehnungs-Hysterese notwendig.

Als Zeitpunkte wurden ausgewählt:

1. höchster Kraftpunkt während des ersten Umformvorgangs,
2. das Ende der 20 s langen Haltedauer,
3. Entnahme des Werkstücks,
4. Abkühlen der Gravur auf 425 °C zwischen zwei Werkstücken,
5. höchster Kraftpunkt während eines weiteren Umformvorgangs.

Jeder berechnete Zeitpunkt stellt eine eigene Simulation dar. Für jeden Zeitpunkt wurde die kombinierte Beanspruchung aus der mechanischen und thermischen Belastung berechnet. Bilder 27 bis 29 zeigen die Beanspruchung und Verformung des Untergesenks.

In Bild 27 ist die Vergleichsspannungsverteilung am höchsten Lastpunkt gezeigt. Die Vergleichsspannungswerte im Radius übersteigen die Streckgrenze des Werkstoffs bei der ermittelten Gravurtemperatur von 540 °C. Es kommt somit zur Bildung einer lokalen plastischen Zone im Gravurradius. Bild 28 zeigt die plastische Zone.

Die Verformung der Gravur während eines Umformvorgangs ist in Bild 29 dargestellt. Nach dem erstem Umformvorgang kommt es zu einer bleibenden Verformung der Gravur von 0,3 mm im Radius.

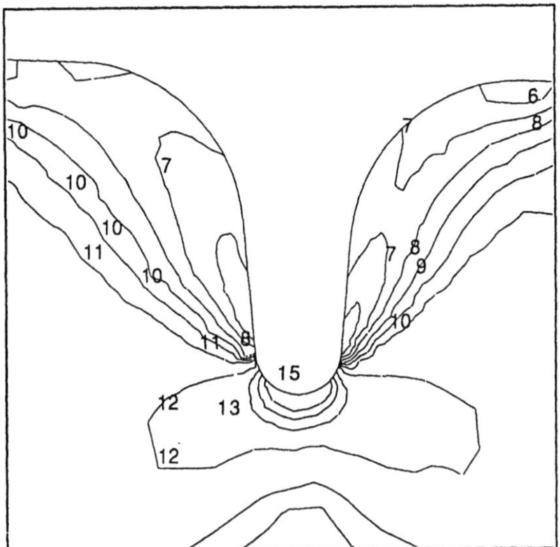

	1	2	3	4	5	6	7	8	9	10	11	12	13	14	15
N/mm²	0	69	158	207	276	345	214	483	552	621	690	759	828	897	966
ksi	0	10	20	30	40	50	60	70	80	90	100	110	120	130	140

Bild 27: Vergleichsspannungsverteilung im Gravurradius unter maximaler Umformkraft.

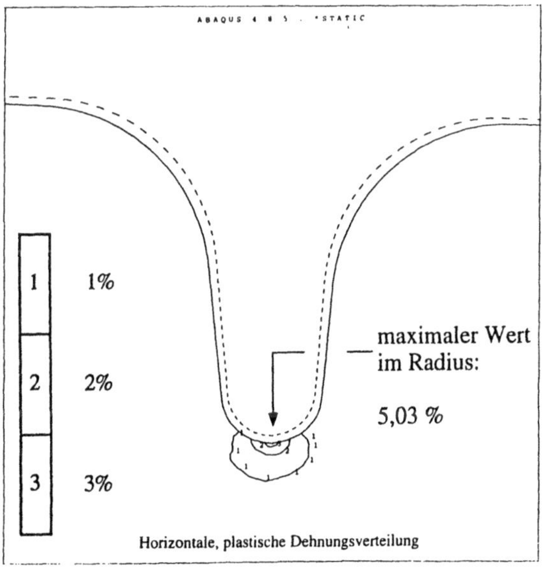

Bild 28: Horizontale, plastische Dehnungsverteilung unter maximaler Umformkraft.

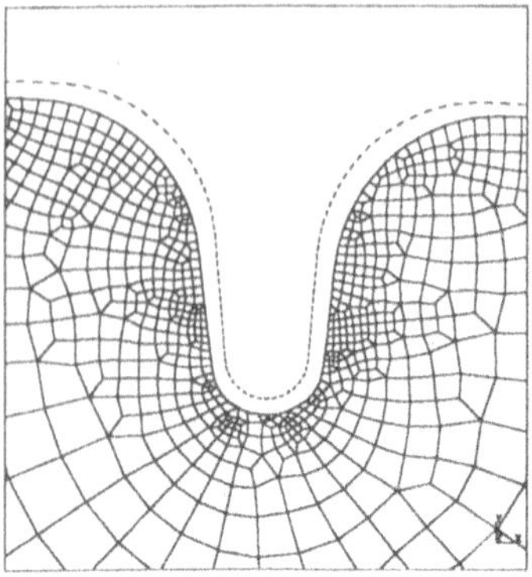

a)

Verformung der Gravur unter maximaler Umformkraft.

maximale Aufweitung: 1,1 mm
(Darstellung stark überhöht)

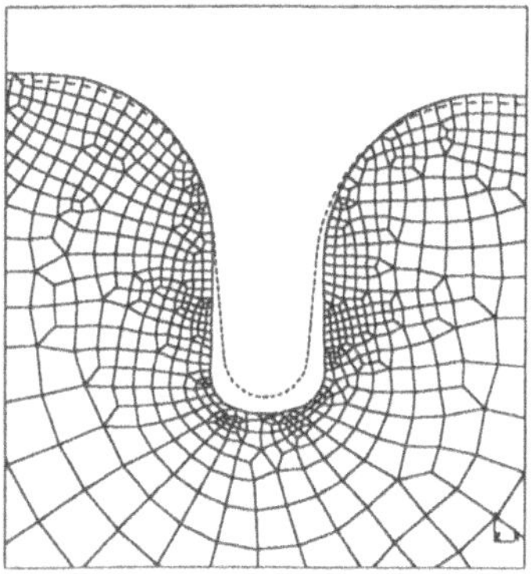

b)

Verformung der Gravur unmittelbar nach Entnahme der Werkstücks vor eine Abkühlung der Gravuroberfläche einsetzt.

maximale Aufweitung: 0,3 mm
(Darstellung stark überhöht)

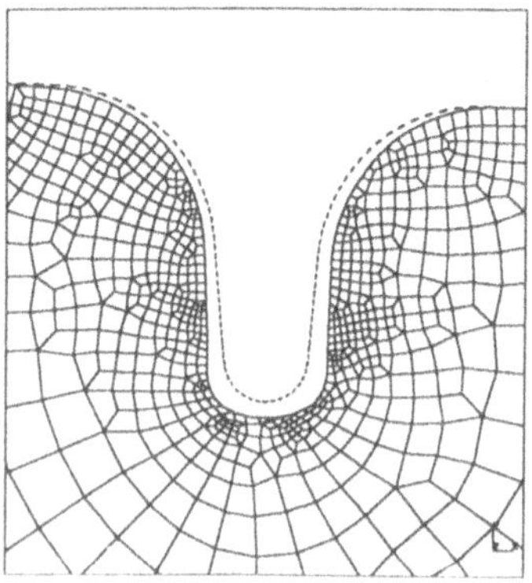

c)

Bleibende Verformung der Gravur nach einem umgeformten Teil.

maximale Aufweitung: 0,3 mm
(Darstellung stark überhöht)

Bild 29: Verformung der Gravur zu unterschiedlichen Zeitpunkten.

Zur Bestimmung der plastischen Dehnungsamplitude für die Versagensanalyse wurde die Zughauptdehnung bestimmt. Für das Untergesenk stimmt diese mit der Dehnungskomponente in der Horizontalen (x-Richtung) überein.

Bild 30 zeigt den Spannungs-Dehnungs-Verlauf für die beiden berechneten Umformvorgänge. Der Gesamtdehnungsbereich $\Delta\varepsilon_{t1}$ wurde entsprechend Bild 29 mit 3,08 % ermittelt. Es ergibt sich somit für die Versagensanalyse eine Gesamtdehnungsamplitude ε_{at1} = 1,54 % und eine plastische Dehnungsamplitude ε_{ap1} = 1,23 % .

6.1.3.4 Versagensanalyse des Untergesenks

Für die Versagensanalyse wurde entsprechend Abschnitt 4.2.4 das Lebensdauerdiagramm in der Form der Dehnungsamplituden-Lastspielzahl-Kurve aus der statischen und zyklischen Spannungs-Dehnungs-Kurve konstruiert. Bild 31 zeigt das Diagramm für eine Prüftemperatur von 538 °C (1000 °F). Diese Temperatur entspricht in etwa der Temperatur im Gravurradius unter maximaler Belastung, wie aus Bild 23 zu ersehen ist.

Die aus der Spannungsanalyse ermittelte Gesamtdehnungsamplitude, sowie die plastische Dehnungsamplitude für das Untergesenk sind ebenfalls eingetragen. Die Versagensanalyse ergibt eine abgeschätzte Standzeit bis zur Rißinitiierung im Bauteil von 220 bzw. 210 Teilen bei Verwendung der Gesamt- bzw. der plastischen Dehnungsamplitude.

Die vom Schmiedebetrieb angegebene Standmenge beim katastrophalen Bruch war etwa 300 geschmiedete Teile.

6.1.4 Diskussion des Versagensfalls und der Analyse

Der in diesem Abschnitt besprochene Versagensfall konnte erfolgreich mit dem in Abschnitt 5 entwickelten Konzept untersucht werden. Die von der Versagensanalyse ermittelte Standmenge bis zur Rißbildung erscheint realistisch in Anbetracht der vom Schmiedebetrieb angegebenen Standmenge beim Bruch des Gesenks.

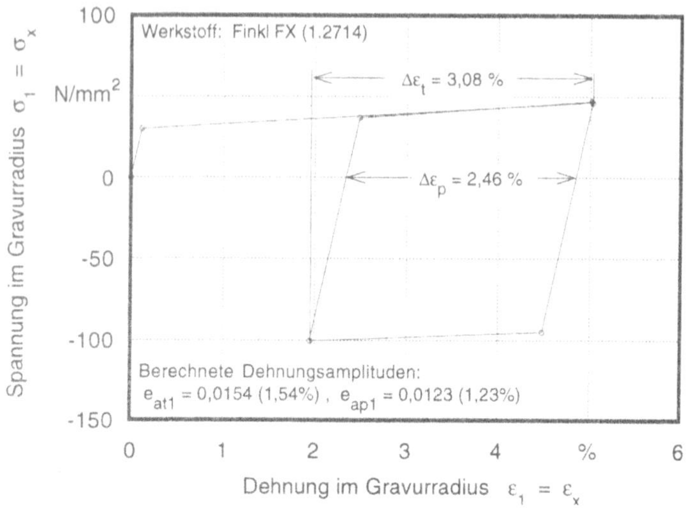

Bild 30: Spannungs-Dehnungs-Diagramm für den Gravurradius.

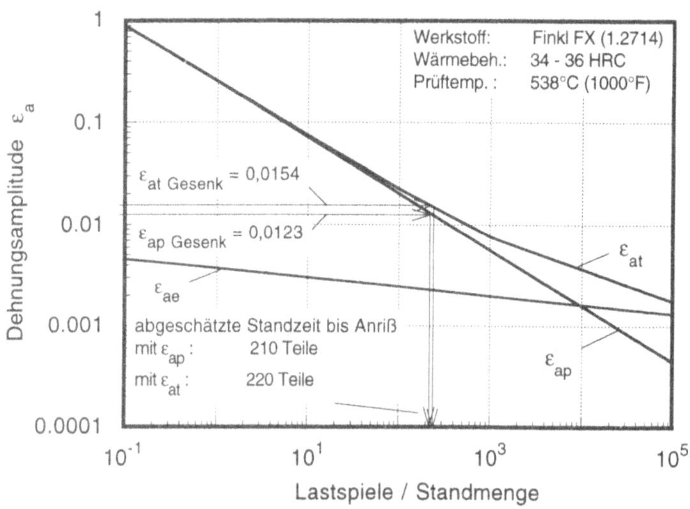

Bild 31: Lebensdauerdiagramm für den Warmarbeitsstahl Finkl FX.

Das Versagen des Untergesenks kann auf die mangelnde Festigkeit des NiCrMo-Warmarbeitsstahls bei der eingesetzten Temperatur zurückgeführt werden. Im Gravurradius kommt es zur Bildung einer lokalen plastischen Zone, die einer zyklischen Wechselbelastung ausgesetzt ist. Diese Wechselbelastung führt zu Ermüdungsrißbildung und -wachstum mit anschließendem katastrophalem Bruch des Restquerschnitts.

Eine genauere Analyse der thermischen und mechanischen Belastung während der Prozeß- und Werkzeugauslegung hätte diesen kostspieligen Versagensfall vermeiden können. Bild 32 zeigt den Verlauf der Streckgrenze in Abhängigkeit der Prüftemperatur. Ab einer Temperatur von 450 °C kommt es zu einem starken Abfall des Werkstoffkennwerts. Die NiCrMo-Warmarbeitsstähle sollten in diesem Bereich nicht mehr eingesetzt werden. Die Verwendung eines höher wärmebeständigen Stahls wäre hier zwingend notwendig, um eine Überschreitung der Streckgrenze im Gravurradius zu vermeiden.

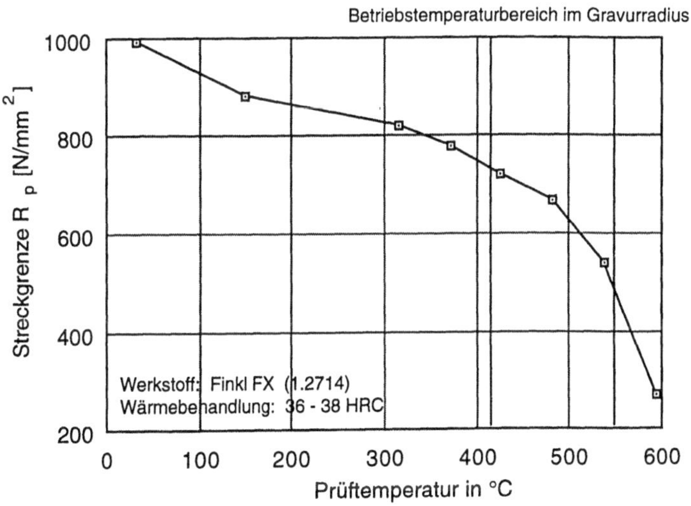

Bild 32: Streckgrenze in Abhängigkeit der Temperatur für den Warmarbeitsstahl Finkl FX.

6.2 Stempelversagen beim Kaltschmieden von Differentialkegelrädern

6.2.1 Beschreibung des Umformprozesses und Versagensfalls

Eine Mitgliedsfirma des ERC/NSM verwendet eine 10 MN Transferpresse zum Kaltschmieden des in Bild 33 dargestellten Differentialkegelrads. Die Stadienfolge ist ebenfalls in Bild 33 gezeigt. Nach dem Scheren, Glühen und Aufbringen der Schmierstoffschicht wird in der ersten Umformstufe eine pilzförmige Vorform gepreßt. In der zweiten Umformstufe wird das Kegelrad in einem mehrfach wirkenden Werkzeug weitgehendst fertiggepreßt. Nach nochmaligem Beseifen werden auf einer 4 MN Presse in einem Hub die Bohrung des Kegelrads gelocht und gleichzeitig die Zähne kalibriert /116/.

Im Werkzeugsatz der zweiten Umformstufe treten nach durchschnittlich 10,000 Teilen die in Bild 34 dargestellten Ermüdungsrisse im Übergangsradius des oberen Stempel auf. Werden diese Risse nicht rechtzeitig erkannt, kommt es zu den in Bild 34 dargestellten Ausbrüchen am Stempelbund.

6.2.2 Analyse des Versagensfalls

Die Vorgehensweise zur Untersuchung dieses Versagensursache ist identisch mit dem in Abschnitt 6.1 besprochenem Vorgehen.

6.2.2.1 Prozeßsimulation

Zur Bestimmung der Stempelbelastung wurde zunächst mit DEFORM eine Prozeßsimulation durchgeführt. Da DEFORM ein zweidimensionales Programmsystem ist, mußten verschiedene Vereinfachungen während der Simulation angenommen werden. Meidert et al. /117/ haben für die Simulation des Kegelradschmiedens nachgewiesen, daß ein rotationssymmetrisches Modell, welches den Werkstofffluß in der Symmetrieebene eines Zahnes simuliert, eine gute Vorhersage der tatsächlichen Bedingungen liefert.

Die zweidimensionale Modellierung des Kegelradschmiedens stellt das Formen eines Kegelstumpfs dar. Zur Wahrung der Durchmesser zu Höhenverhältnisse zwischen Rohteil, Vorform und Fertigteil, wurde die Kontur des während der Simulation verwendeten Kegelstumpfs unter Beibehaltung des Teilvolumens entsprechend Bild 35 modifiziert. Die zur Bestimmung des Füllgrads wichtigen Radien an der Stirnfläche des Kegelrads, sowie der äußere Durchmesser konnten im Modell beibehalten werden. Der berechnete Werkstofffluß an den Stempeln entspricht somit weitgehendst dem tatsächlichen Werkstofffluß im Werkzeug.

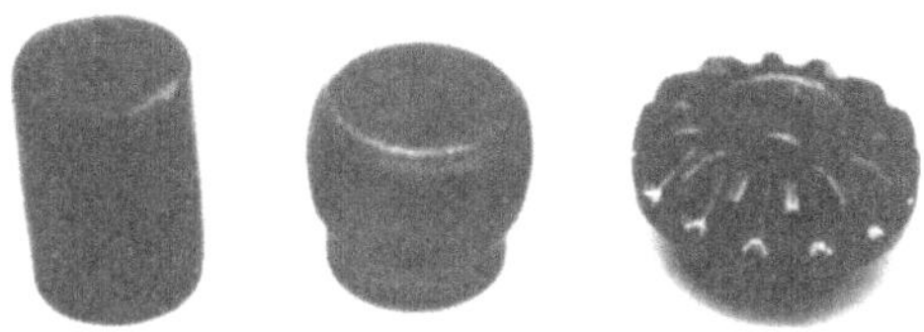

Bild 33: Stadienfolge für das Kaltschmieden der untersuchten Kegelradgeometrie.

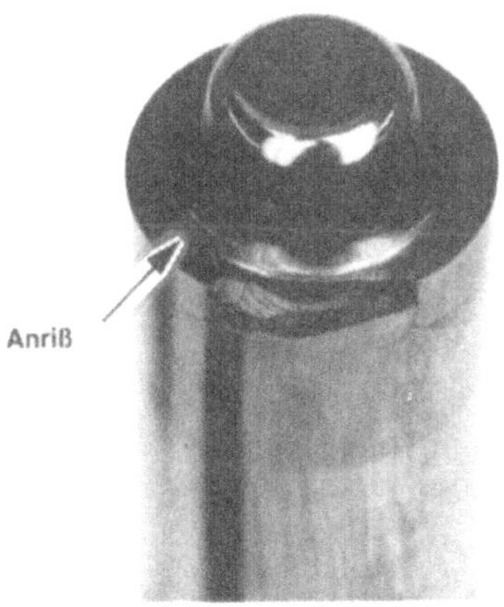

Bild 34: Stempelversagen durch Ermüdungsrißbildung beim Kegelradschmieden.

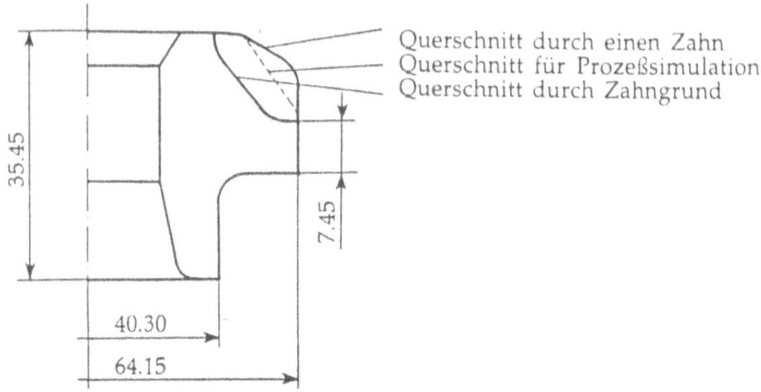

Bild 35: Querschnitt durch das Kegelrad mit modifizierter Kegelstumpfgeometrie für die zweidimensionale Prozeßsimulation.

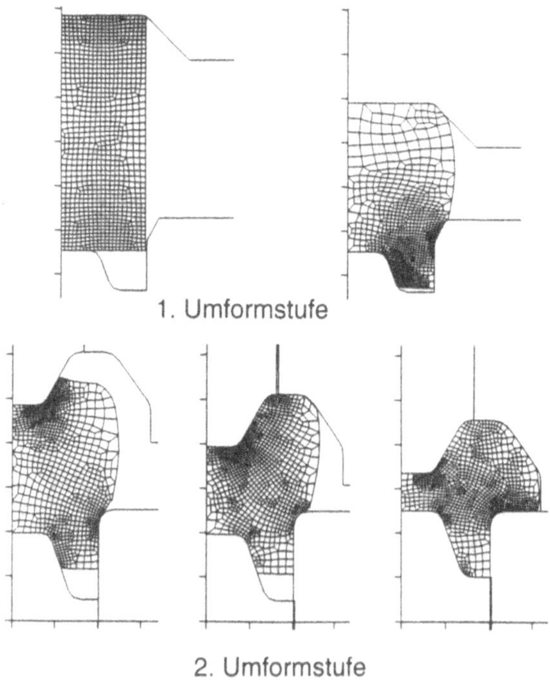

Bild 36: Mit DEFORM berechneter Werkstofffluß beim Kaltschmieden von Kegelrädern.

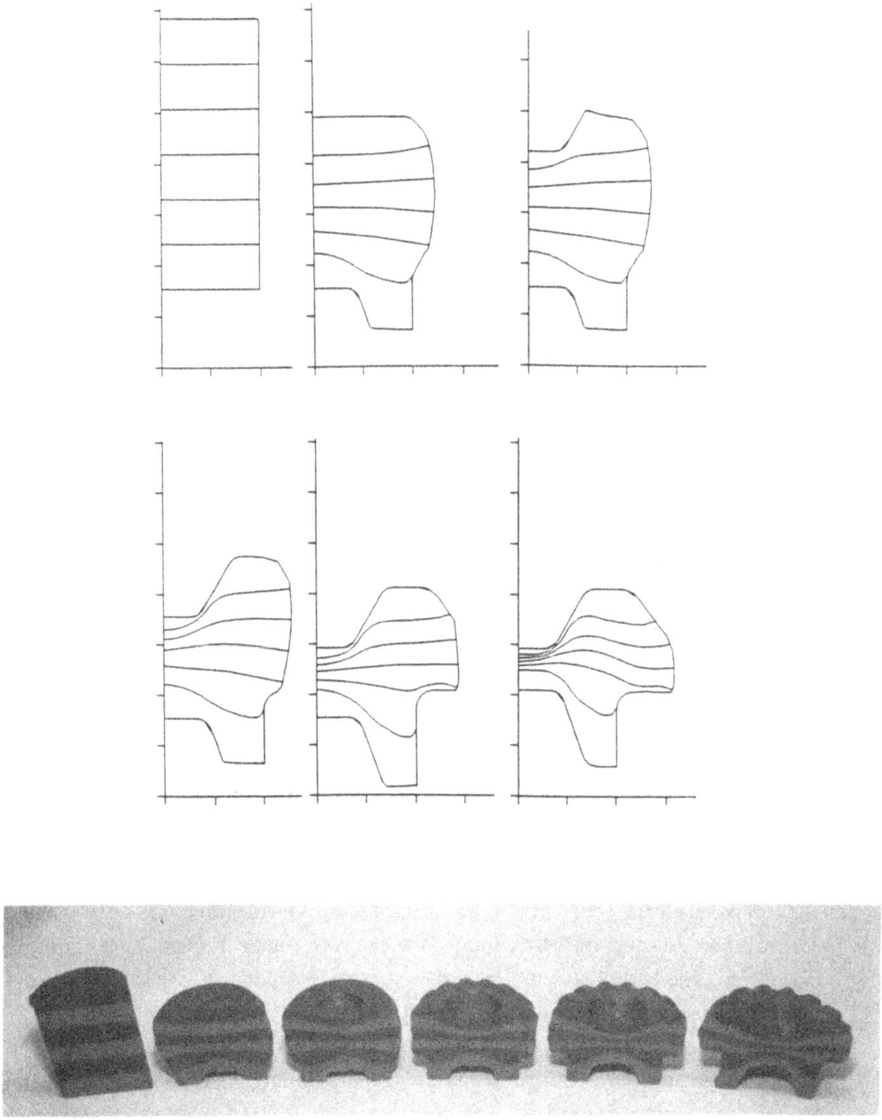

Bild 37: Vergleich des mit DEFORM berechneten Werkstoffflusses und Modellversuchen mit geschichteten Plastilinrohteilen ermittelten Verformungen.

Bild 36 zeigt den berechneten Werkstofffluß für beide Umformstufen. In der zweiten Umformstufe findet ein Teil der Umformung schon beim Schließen des Werkzeuges statt. Der obere Stempel hat dabei keine Relativbewegung bezüglich des Oberwerkzeugs. Die vollständige Füllung wird am Ende des Umformvorgangs durch die Bewegung des unteren Stempels erzielt /116/. Die berechneten Ergebnisse wurden durch Modellversuche mit Plastilin verifiziert. Der Vergleich zwischen Versuchen mit geschichteten Rohlteilen und den Simulationsergebnissen in Bild 37 zeigt eine gute Übereinstimmung.

6.2.2.2 Belastung des oberen Stempels

Bild 38a zeigt die Stempelgeometrie des oberen Stempels an dem Ermüdungsrisse im Übergangsradius auftraten. Die Auswertung der mit Hilfe der Prozeßsimulation bestimmten Kontaktnormalspannungsverteilung entlang der Stempelwirkfläche, welche in Bild 39 aufgetragen ist, zeigt zwei Spannungsspitzen mit Werten von über 3000 N/mm^2. Die höchste Spannung von 3150 N/mm^2 wurde für den Bereich zwischen Übergangsradius und Stempelbund (Abschnitte D-E in Bild 39) bestimmt.

6.2.2.3 Spannungsanalyse und Stempelbeanspruchung

Die Normal- und Schubkomponenten der Kontaktspannungen wurden als Belastungsdaten für die elastisch-plastische Spannungsanalyse des Stempels verwandt. Dabei wurde entsprechend VDI Richtlinie 3186 /118/ eine Festigkeit von 2550 N/mm^2 für den Stempelwerkstoff AISI M2 (S-6-5-2) mit einer Härte von etwa 65-66 HRC angenommen. Die Ergebnisse sind in Bild 40 dargestellt. Am Stempelbund überschreiten die Vergleichsspannungswerte die Festigkeit des Stempelwerkstoffs und führen zur plastischen Verformung. Die plastischen Dehnungen in der Radialrichtung, welche von einer hohen Zugspannung herrühren, zeigt Bild 41. Eine maximale plastische Dehnung von 0.88 % wurde an der Stelle der Rißinitiierung berechnet.

Die Auswertung der maximalen Hauptnormalspannungen im Stempel zeigt ein weiteres interessantes Ergebnis. In Bild 42a ist die Hauptnormalspannungsverteilung in räumlicher Darstellung gezeigt, um die Richtungen zu verdeutlichen. Die Pfeillänge ist proportional zu der Größe der Spannungen. An der Stempelspitze liegen die maximalen Hauptnormalspannungen im Druckbereich. Am Übergang zum Stempelschaft wechseln die Hauptnormalspannungen in den Zugbereich, wobei sie vornehmlich in Umfangsrichtung ausgerichtet sind. Am Übergangsradius jedoch ändern die Spannungen ihre Ausrichtung in die r-z Ebene und erreichen Maximalwerte im Zugbereich. An der Oberfläche des Übergangsradius verlaufen die Hauptnormalspannungen tangential zum Radius. In Bild 42b ist die Verteilung in der r-z Ebene im kritischen Bereich des Übergangsradius zu sehen.

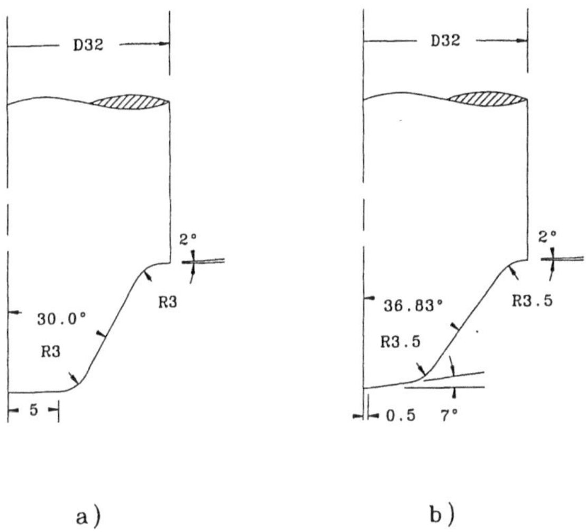

Bild 38: Untersuchte Stempelgeometrien:
a) Orginalgeometrie;
b) Modifizierte Geometrie.

6.2.2.4 Versagensanalyse

Zur Bestimmung der Spannungs-Dehnungs-Hysterese wurden die Spannungen und Dehnungen zweier Umformvorgänge in einem lokalen Koordinatensystem, dessen 11-Achse parallel zur größten Hauptnormalspannung bzw. Hauptnormaldehnung im Übergangsradius verläuft, aufgetragen. Die ermittelte Gesamtdehnungsamplitude kann im Sinne der Hauptnormaldehnungshypothese für eine Standmengenabschätzung verwendet werden.

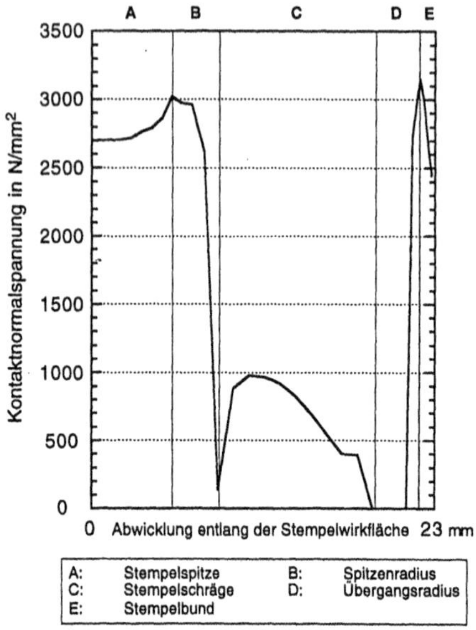

Bild 39: Kontaktnormalspannungen an der Stempelwirkfläche zum Ende der Umformung.

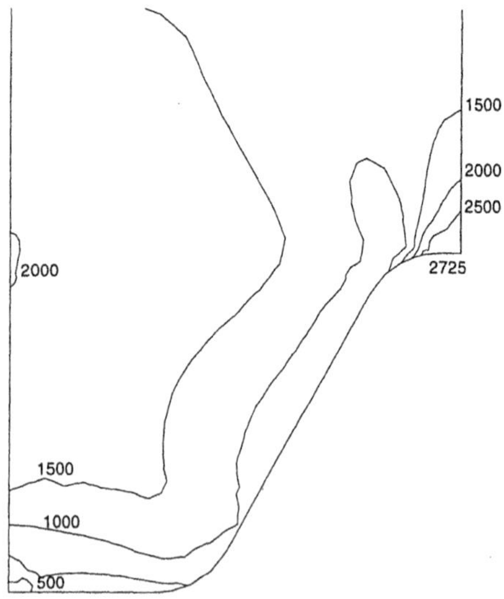

Bild 40: Vergleichsspannungsverteilung an der Stempelspitze im N/mm^2.

Bild 41: Plastische Dehnung in Radialrichtung

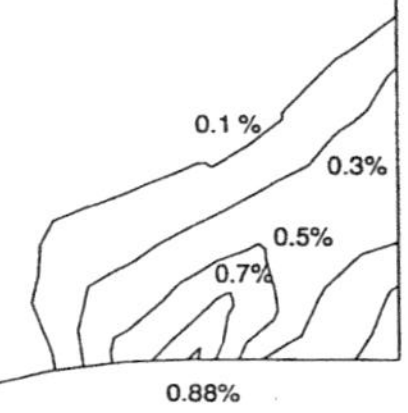

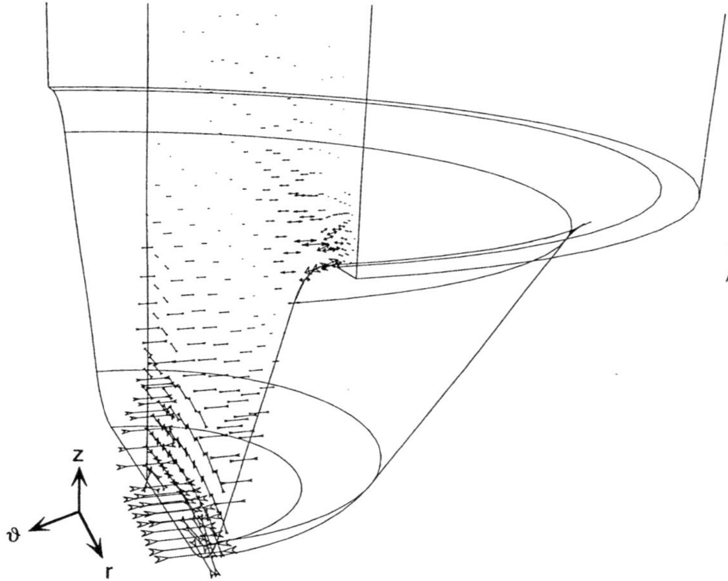

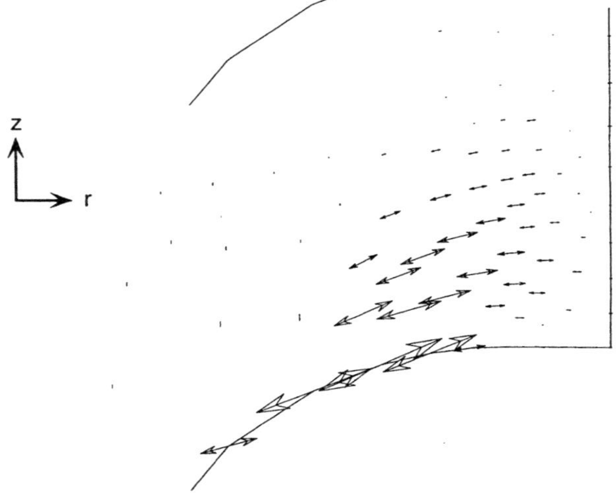

Bild 42a: Hauptnormalspannungsverteilung in räumlicher Darstellung.
Maximaler Wert im Druckbereich: 2634 N/mm^2.

Bild 42b: Hauptnormalspannungen in der r-z Ebene am Übergangsradius.
Maximaler Wert im Zugbereich: 1532 N/mm^2.

Bild 43 zeigt die aufgetragenen lokalen Spannungs-Dehnungswerte. Die Gesamtdehnungsamplitude wird berechnet als ε_{at11} = 0.25 %, die plastische Dehnungsamplitude als ε_{ap11} = 0.225 %.

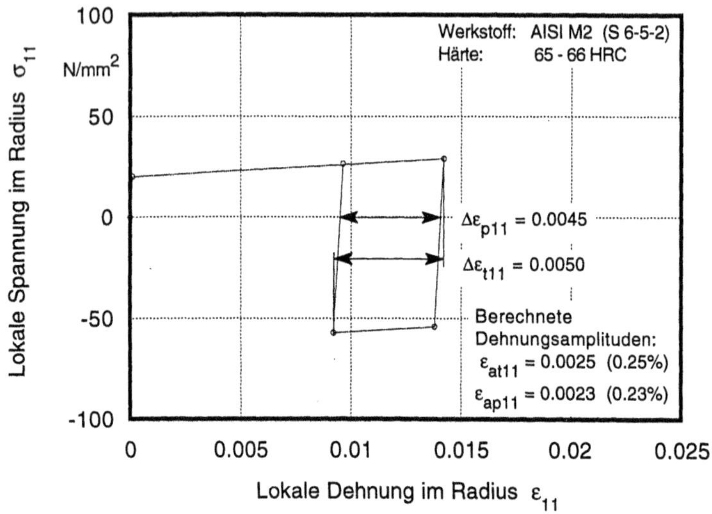

Bild 43: Spannungs-Dehnungs-Diagramm für den Übergangsradius.

Eine Standmengenabschätzung für den Stempel kann mit Hilfe der von Kocanda /82/ veröffentlichten Lebensdauerdiagramme des polnischen Stahls SW7, welcher vergleichbar mit dem AISI M2 Schnellarbeitsstahl ist, erfolgen. Von Kocanda liegen Lebensdauerdaten bei unterschiedlichen Prüftemperaturen für die folgenden Wärmebehandlungszustände vor:

- Härtetemperatur: ϑ_H = 1150 °C,
- Anlaßtemperatur: ϑ_A = 2 x 560 °C und 2 x 580 °C.

Über die Härte liegen keine Angaben vor, doch ist die Wärmebehandlung mit einer Anlaßtemperatur von ϑ_A = 2 x 560 °C ähnlich einer von Hettig /65/ verwendeten Wärmebehandlung (ϑ_H = 1165 °C, ϑ_A = 555, 570, 560 °C). Hettig erzielte dabei für den DIN-Stahl S 6-5-2 eine Härte von 61 HRC.

In Bild 44 ist das Lebensdauerdiagramm für den Wärmebehandlungszustand mit der Anlaßtemperatur ϑ_A = 2 x 580 °C für zwei Prüftemperaturen (350 °C, 20 °C) aufgetragen. Für Raumtemperatur liegen als Lebensdauerdiagramm nur zwei Punkte im Bereich von 250 - 2500 Lastwechsel vor. Zur Überprüfung der Lebensdauer mußte die Kurve deshalb extrapoliert werden.

Bei Verwendung der berechneten Gesamtdehnungsamplitude ε_{at11} = 0.0025 wird mit der Raumtemperaturkurve eine Standmenge bis Rißinitiierung von etwa 12.000 Teilen für die Stempel abgeschätzt. In der Produktion wurden Risse am Stempel nach etwa 10.000 Teilen bemerkt. Die verwendeten Stempel haben jedoch eine höhere Härte (65 - 66 HRC) als für die Ermittlung des Lebensdauerdiagramms verwendet wurde. Es ist daher zu erwarten, daß eine Standmengenabschätzung mit dem Lebensdauerdiagramm des zäheren Wärmebehandlungszustands eine höhere Standmenge bis Rißbildung ergibt als in der Produktion beobachtet wurde.

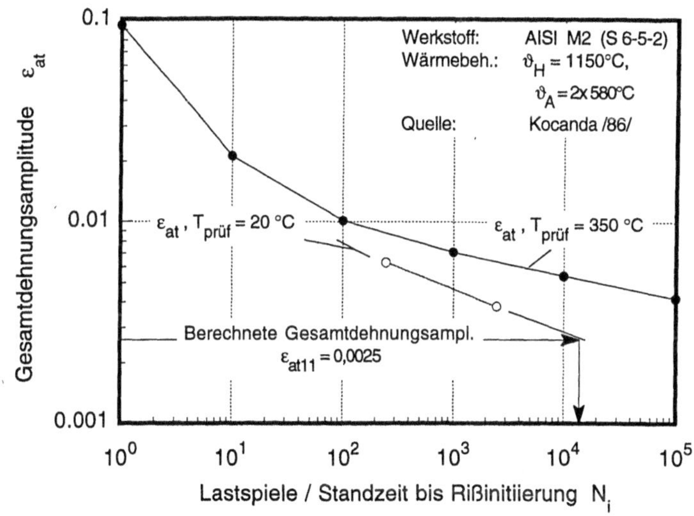

Bild 44: Standmengenabschätzung bis zur Rißinitiierung mit Hilfe des Lebensdauerdiagramms.

6.2.3 Diskussion des Versagensfalls

Die Kombination von plastischer Dehnung in radialer Richtung mit einer in der r-z Ebene ausgerichteten Hauptnormalspannungsverteilung im Zugbereich werden als die Ursachen für das Stempelversagen am Übergangsradius durch Mikrorißentstehung mit anschließendem Ermüdungsrißwachstum angesehen. Eine Verbesserung der Stempelstandzeit sollte durch Eliminierung der plastischen Dehnungen, welche für die Rißentstehung verantwortlich sind, erzielbar sein. Zur Vermeidung plastischer Verformung des Stempels muß die in Bild 39 gezeigte Spannungsspitze am Übergangsradius deutlich reduziert werden.

Die Ergebnisdaten der Prozeßsimulation wurden untersucht, um den Grund für die Spannungsspitze am Übergangsradius zu finden. Die Ursache wurde im Werkstofffluß zum Ende der Umformung gefunden, wenn der untere Stempel nach oben bewegt wird. Bild 45 zeigt das berechnete Geschwindigkeitsfeld. Bedingt durch die Geometrie des oberen Stempels wird der Werkstoff in Stempelnähe vornehmlich in vertikaler Richtung bewegt. Die Umlenkung des Werkstoffes im Übergangsradius verursacht sodann die in Bild 39 dargestellte Kontaktspannungsspitze.

6.2.4 Änderung der Stempelgeometrie zur Verbesserung der Standmenge

Durch Anwendung des Auslegungskonzepts wurden mehrere modifizierte Stempelgeometrien mit dem Ziel, die plastischen Dehnungen zu eliminieren, untersucht und bewertet (Bild 46).

6.2.4.1 Geänderte Stempelgeometrie

Zur Verringerung der Stempelbelastung am Übergangsradius, mußte die Stempelgeometrie so geändert werden, daß der Werkstoff am Ende der Umformung vermehrt in horizontaler Richtung bewegt wird. Eine Anzahl von Stempelgeometrien wurde untersucht. Die in Bild 38b gezeigte Umkonstruktion versprach die besten Ergebnisse.

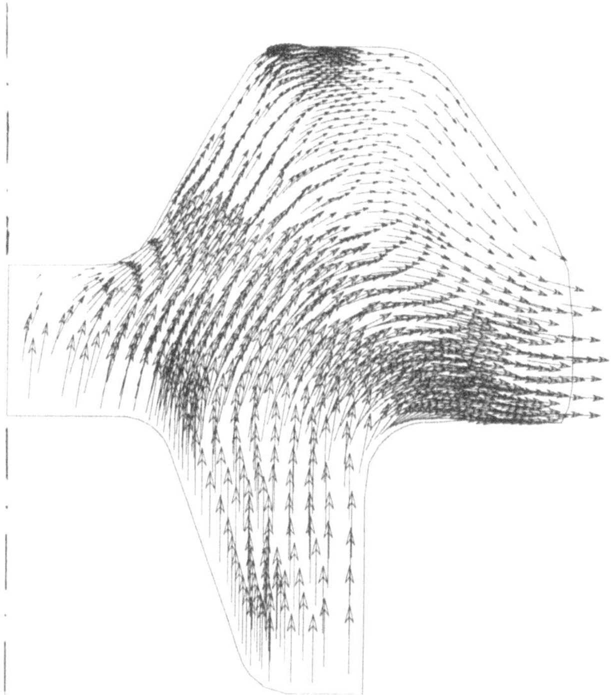

Bild 45:. Werkstofffluß am Ende der Umformung mit der orginalen Stempelgeometrie.

6.2.4.2 Bewertung der geänderten Stempelgeometrie

Die Ergebnisse der Prozeßsimulation mit geänderter Stempelgeometrie sind in Bild 47 und 48 dargestellt. Durch Änderung des Stempels wird mehr Werkstoff in horizontaler Richtung bewegt (Bild 47). Dies resultiert in einer wesentlich günstigeren Kontaktnormalspannungsverteilung am oberen Stempel, wie in Bild 48 zu sehen ist. Die Spannungsspitze am Übergangsradius konnte von 3150 N/mm^2 auf 2250 N/mm^2 reduziert werden.

Für die modifizierte Stempelgeometrie wurde wieder eine Spannungsanalyse durchgeführt. Die Vergleichsspannungsverteilung ist in Bild 49 dargestellt. Am Übergangsradius erreicht der Maximalwert nur noch 1949 N/mm^2. Es kommt somit nicht mehr zur plastischen Verformung des Stempels.

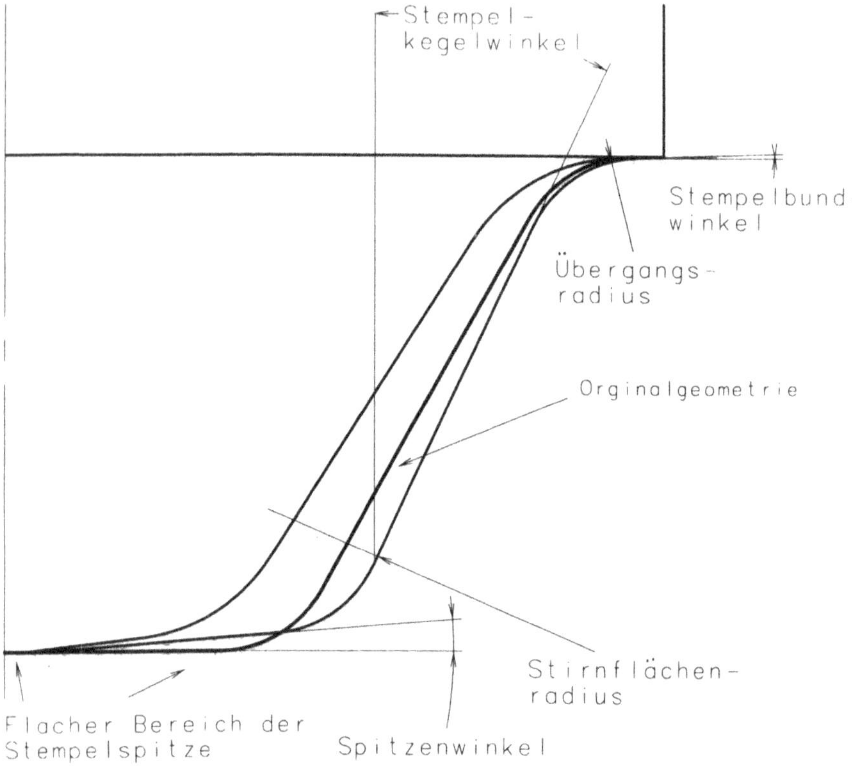

Bild 46: Untersuchte Stempelgeometrien.

6.2.4.3 Implementierung der geänderten Stempelgeometrie

Die vorgeschlagene Modifizierung der Stempelgeometrie wurde von der Kaltschmiedefirma, die die Differentialkegelräder preßt, aufgegriffen und getestet. Zwei modifizierte Stempel wurden für einen Auftrag von 60.000 Kegelrädern verwendet. Dabei wurde der erste Stempel nach 30.000 Teilen zur Untersuchung ausgewechselt. Beide verwendeten Stempel zeigten weder Risse noch die sonst üblichen leichten Verschleißerscheinungen nach den 30.000 gepreßten Teilen. Bei der ursprünglich eingesetzten Stempelgeometrie traten die Ermüdungsrisse dagegen schon nach etwa 10.000 Teilen auf.

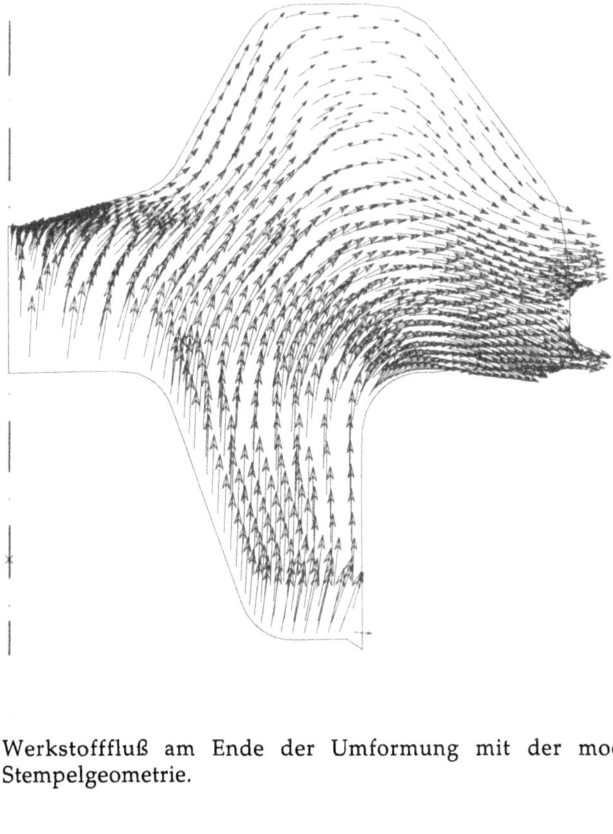

Bild 47: Werkstofffluß am Ende der Umformung mit der modifizierten Stempelgeometrie.

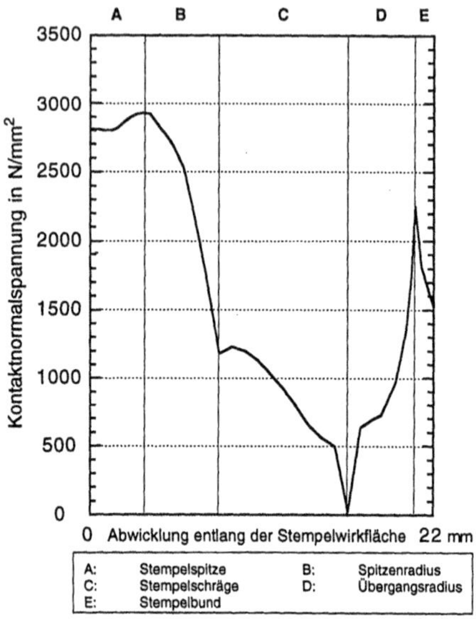

Bild 48: Kontaktnormalspannungen an der Stempelwirkfläche zum Ende der Umformung für die modifizierte Stempelgeometrie.

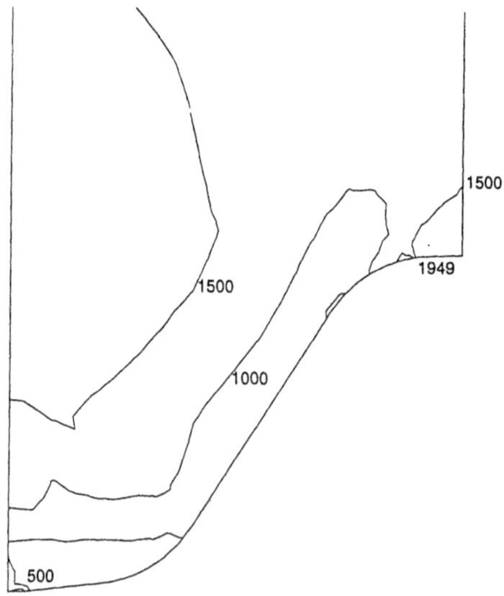

Bild 49: Vergleichsspannungsverteilung an der Stempelspitze in N/mm^2 für die modifizierte Stempelgeometrie.

6.3 Analyse der VVFP-Fertigungssimulationsversuche am IfU

6.3.1 Beschreibung der Versuche

Die untersuchten Fertigungssimulationsversuche wurden von Hettig /65, 119/ am Institut für Umformtechnik der Universität Stuttgart im Rahmen eines Forschungsvorhabens zur Bestimmung von Einflußgrößen auf den Werkzeugbruch beim Voll-Vorwärts-Fließpressen (VVFP) durchgeführt. Zielsetzung dieser Arbeit war es, den Einfluß der Werkzeuggeometrie, und somit indirekt den Einfluß des Spannungszustands, sowie den Einfluß des Matrizenwerkstoffs und der Oberflächenbehandlung der Matrize auf die Querrißempfindlichkeit experimentell zu untersuchen.

Für die Versuche wurde die in Bild 50 gezeigte Werkzeugauslegung verwendet. Mit einer ungeteilten Matrize wurde für das VVFP eine relativ hohe Querschnittsabnahme von ε_a = -0,77 gewählt. So konnte gewährleistet werden, daß ein Matrizenversagen durch Querrißbildung nach einer vertretbaren Stückzahl erreicht wurde.

Für die Versuche wurde der Schulteröffnungswinkel 2α, der Übergangsradius zur Preßschulter R, der Matrizenwerkstoff, sowie dessen Wärmebehandlungszustand, und die Oberflächenbehandlung variiert. Insgesamt wurden zwölf Versuchsreihen mit je 5 Matrizen gefahren. Zwei Matrizenwerkstoffe mit unterschiedlichen Wärmebehandlungszuständen wurden untersucht:

- der ledeburitische 12%-ige Kaltarbeitsstahl X155CrVMo 12 1 (AISI D2) mit einer Härte von 60 HRC (Wärmebehandlung: ϑ_H = 1070°C, ϑ_A = 3 x 520°C),
- der Schnellarbeitsstahl S 6-5-2 (AISI M2) mit einer Härte von 61 bzw. 64 HRC (Wärmebehandlung: ϑ_H = 1165°C, ϑ_A = 555°C/ 570°C/ 560°C, bzw. ϑ_H = 1190°C, ϑ_A = 3 x 545°C).

Die geometrische Variation ist aus Bild 50 ersichtlich. Der Schulteröffnungswinkel betrug 2α = 120° und 2α = 90°. Der Übergangsradius zur Preßschulter R wurde mit R = 1 mm und R = 2,5 mm gewählt. Somit ergaben sich vier unterschiedliche Paarungen. Die Paarung 2α = 120°/R = 1 mm stellt eine sehr hohe Matrizenbelastung dar, während die Paarung 2α = 90°/R = 2,5 mm eine mäßige Belastung darstellt.

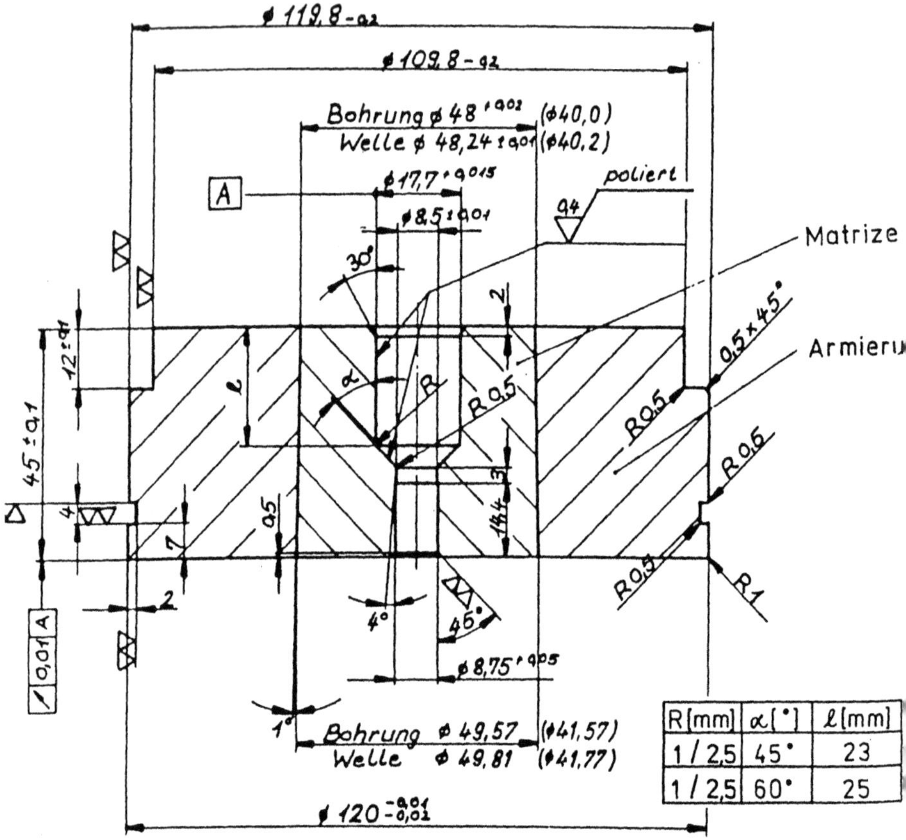

R[mm]	α[°]	l[mm]
1 / 2,5	45°	23
1 / 2,5	60°	25

Bild 50: Werkzeugauslegung der Fertigungssimulationsversuche am IfU /65/.

Zur Ermittlung der Anrißstandmenge und des Rißwachstums wurde das Werkzeug mit einer kontinuierlichen Werkzeugüberwachung mittels Ultraschall instrumentiert. Hettig /65/ berichtet ausführlich über die Instrumentierung und über die umfangreichen Versuchsergebnisse mit detaillierten Angaben zur Anrißstandmenge, zum Rißwachstum und zur Bruchflächenausbildung.

6.3.2 Analyse der Versuche

Die detaillierten Angaben zur Ermüdungsrißbildung für unterschiedliche Geometrien und Matrizenwerkstoffe machen die Versuchsreihen von Hettig geeignet zur Überprüfung des Auslegungskonzepts. Die Instrumentierung des Versuchswerkzeugs erlaubt die exakte Erfassung des Anrißzeitpunkts. Für Versagensfälle aus der Industrie ist der Anrißzeitpunkt meist nicht genau bekannt.

Von den zwölf Versuchsreihen wurden vier Reihen analysiert. Tabelle 3 gibt eine Übersicht der Parameter dieser vier Versuchsreihen. Außerdem ist der Standmengenbereich angegeben, in dem es für jeweils fünf untersuchte Matrizen pro Versuchsreihe zur Rißbildung kam.

Matrizenwerkstoff	Härte [HRC]	Schulteröffn.-winkel 2α [°]	Übergangs-radius R [mm]	Oberflächen-behandlung	Standmengen bis Anriß /65/
S 6-5-2	61	120	1	manuell poliert	50 - 400
X155CrVMo 12 1	60	120	1	manuell poliert	65 - 200
X155CrVMo 12 1	60	90	1	manuell poliert	900 - 1000
X155CrVMo 12 1	60	90	2,5	manuell poliert	10.000 - 11.000

Tabelle 3: Untersuchte Versuchsreihen und experimentell ermittelte Anrißstandmengen.

6.3.2.1 Prozeßsimulation

Zur Bestimmung der Kontaktspannungsverteilungen wurden für die vier Versuchsreihen Prozeßsimulationen mit dem Programm DEFORM durchgeführt. Die Fließkurve des verwendeten Werkstückwerkstoffs wurde aus der Arbeit von Hettig /65/ entnommen. Es handelt sich um den britischen Einsatzstahl BS 970-815 H17, der mit dem DIN-Stahl 15 NiCr 6 vergleichbar ist.

Während der Prozeßsimulationen mit dem Programm DEFORM wurden die Matrize und der Armierungsring elastisch modelliert und eine gekoppelte elastische Spannungsanalyse des Werkzeugsatzes durchgeführt. So konnten während der Prozeßsimulationen nicht nur die Kontaktspannungen bestimmt werden, sondern auch die Reaktionskräfte, die der Armierungsring auf die Matrize ausübt. Diese Reaktionskräfte wurden dann zur Durchführung der elastisch-plastischen Spannungsanalyse mit dem Programm ABAQUS als Lasteingabedaten übertragen. Diese Vorgehensweise vereinfacht die Durchführung der elastisch-plastischen Spannungsanalyse, da der Armierungsring und die Kontaktfläche zwischen Matrize und Armierungsring nicht mehr modelliert werden müssen.

Hettig wählte ein Haftmaß von ξ = 4,8 ‰ für den Schrumpfverband. DEFORM enthält einen Armierungsmodul, der bei Eingabe des Haftmaßes die Reaktionsspannungen und -verformungen in Matrize und Armierungsring berechnet. In Bild 51a sind links die durch die Vorspannung der Armierung hervorgerufenen Tangentialspannungen gezeigt. In Bild 51b sind links die Radialspannungen dargestellt. Die Bilder 51a und b zeigen rechts die mit dem Programm DEFORM elastisch berechneten Vergleichsspannungsverteilungen bei maximaler Umformkraft für die beiden Matrizengeometrien 120° / 1 mm und 90° / 1 mm.

Die berechneten Werkstückgeometrien bei maximaler Umformkraft während des Umformvorgangs sind für die beiden Matrizengeometrien 120° / 1 mm und 90° / 1 mm aus Bild 51 ersichtlich. Die resultierenden Kontaktnormalspannungsverteilungen sind in Bild 52 dargestellt. Beide Verteilungen zeigen einen charakteristischen Verlauf. Im Übergangsradius kommt es zu einer deutlichen Erhöhung der Kontaktspannung mit einer Spannungsspitze am Auslauf des Radius zur Preßschulter. Im Bereich der Preßschulter fallen die Spannungswerte wieder ab. Insgesamt ergibt die Matrizengeometrie $2\alpha = 90°$/ R = 1 mm niedrigere Kontaktnormalspannungswerte.

Der mit DEFORM berechnete Kraft-Weg-Verlauf für die Matrizengeometrie 2α = 120°/ R = 1 mm ist in Bild 53 gezeigt. Zum Vergleich ist auch der von Hettig /65/ gemessene Kraft-Weg-Verlauf gezeigt. Eine ähnlich gute Übereinstimmung ist auch für die Geometrie 2α = 90°/ R = 2.5 mm erzielt worden. Die berechnete maximale Umformkraft beträgt 390 kN, während im Versuch 377 kN gemessen wurden.

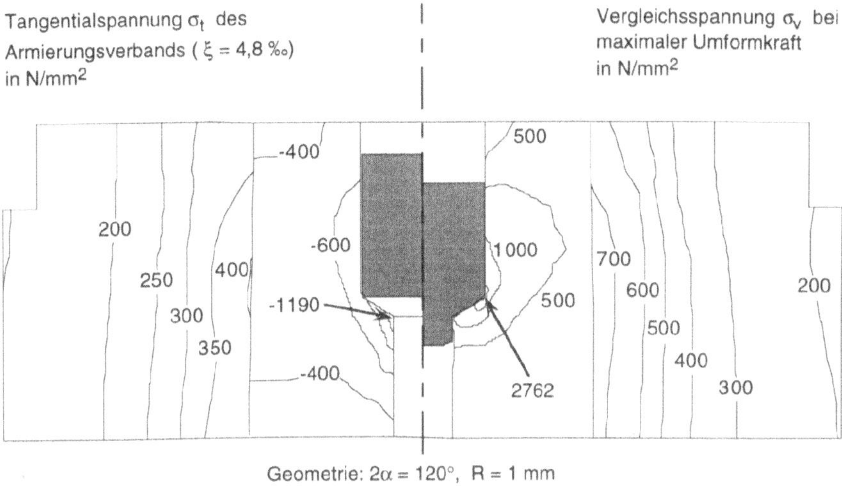

a)

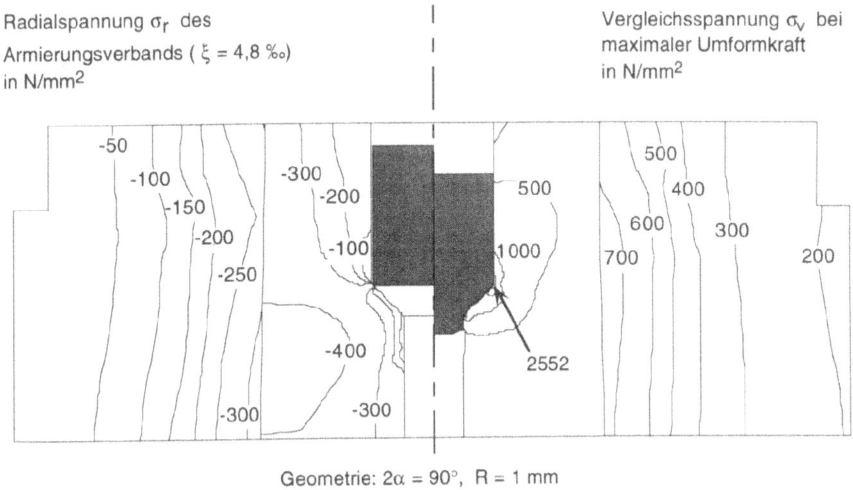

b)

Bild 51: Berechnete Werkstückgeometrie und elastisch berechnete Spannungsverteilungen im Werkzeug (Programm DEFORM).
a) Geometrie $2\alpha = 120°$ / R = 1 mm
Tangentialspannungs- und Vergleichsspannungsverteilung
b) Geometrie $2\alpha = 90°$ / R = 1 mm
Radialspannungs- und Vergleichsspannungsverteilung.

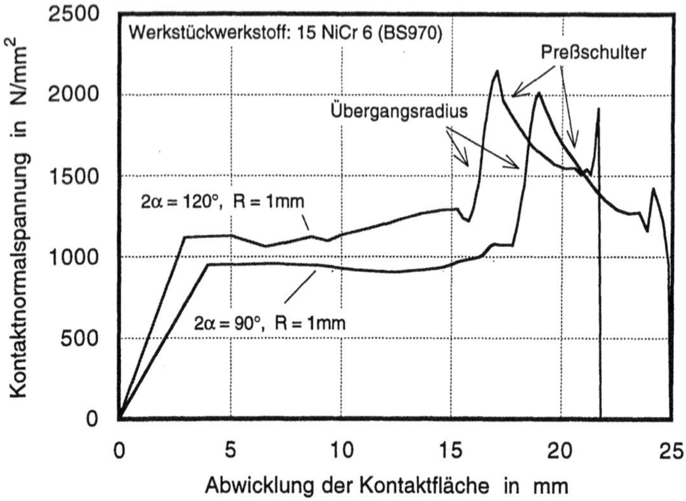

Bild 52: Kontaktspannungsverteilungen für die Geometrien $2\alpha = 120°/ R = 1$ mm und $2\alpha = 90°/ R = 1$ mm.

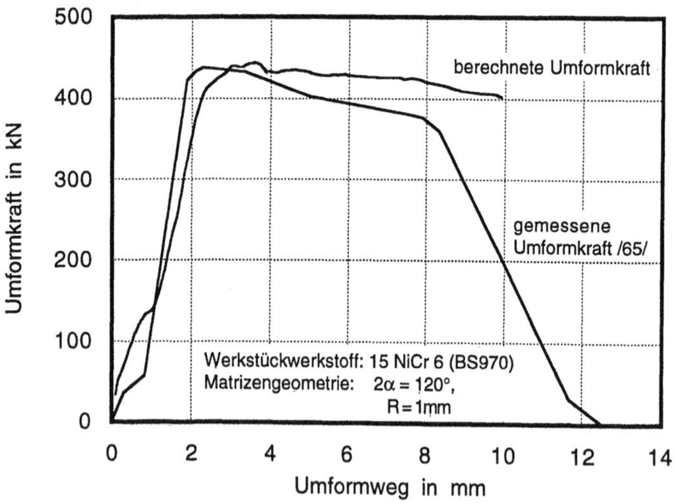

Bild 53: Kraft-Weg-Verlauf für die Geometrie $2\alpha = 120°/ R = 1$ mm.

6.3.2.2 Elastische Spannungsanalyse des Werkzeugsatzes mit DEFORM

Erste, elastische Spannungsanalysen wurden in DEFORM in Verbindung mit den Werkstoffflußsimulationen durchgeführt. Da es sich um elastische Berechnungen handelt, wird zur Beschreibung des Matrizen- und Armierungsringwerkstoffs nur der E-Modul und die Querkontraktionszahl benötigt. Die Ergebnisse gelten somit für die beiden Matrizenwerkstoffe. Sie lieferten die Bestimmung der am höchsten belastete Stelle im Übergangsradius.

Mit Hilfe des DEFORM Postprocessors konnte dann der Spannungsverlauf an dieser Stelle während des Umformvorgangs verfolgt werden.. Bild 54 zeigt den Vergleichsspannungs- und Hauptnormalspannungsverlauf für die Geometrie $2\alpha = 120°/ R = 1$ mm. Die Richtung der Hauptnormalspannung σ_1 verläuft an der am höchsten belastete Stelle im Übergangsradius tangential zur Oberfläche und ist in Bild 55 anhand des lokalen Koordinatensystems (11-22) dargestellt.

Die elastisch berechnete Vergleichsspannungsspitze $\sigma_{vmax} = 2762$ N/mm^2 liegt höher als die Druckgrenze der beiden verwendeten Werkstoffe. Für diese Matrizengeometrie ist somit für die beiden untersuchten Werkstoffe eine lokale Plastifizierung im Übergangsradius mit Sicherheit zu erwarten.

In Bild 51 sind rechts die mit dem Programm DEFORM elastisch berechneten Vergleichsspannungsverteilungen für die beiden Matrizengeometrien mit einem Übergangsradius R = 1 mm gezeigt. Für die Matrizengeometrie $2\alpha = 90°/ R = 1$ mm wird eine maximale Vergleichsspannung $\sigma_{vmax} = 2552$ N/mm^2 berechnet. Dieser Wert liegt nur geringfügig unter der Druckgrenze des verwendeten Kaltarbeitsstahls X155 CrVMo 12 1. Die Ergebnisse deuten an, daß es bei den untersuchten Matrizen aus den Werkstoffen S 6-5-2 und X155 CrVMo 12 1 mit einem Übergangsradius von R = 1 mm vermutlich zu einer lokalen Plastifizierung des Werkstoffs im Übergangsradius kommt. Das mit DEFORM elastisch abgeschätzte Werkstoffverhalten wurde mit den elastisch-plastischen Spannungsanalysen mit dem Programm ABAQUS bestätigt.

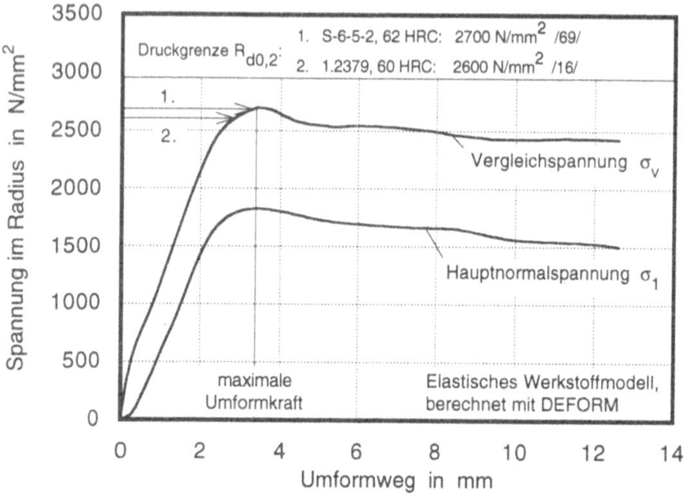

Bild 54: Spannungsverläufe im Übergangsradius der Matrize während eines Umformvorgangs für die Geometrie $2\alpha = 120°/ R = 1mm$.

6.3.2.3 Elastisch-plastische Spannungsanalyse und Versagensanalyse der Matrizen

Für die elastisch-plastische Spannungsanalysen konnten die statischen Spannungs-Dehnungs-Kurven aus der Arbeit von Reiss /16/ für den Kaltarbeitsstahl X155 CrVMo 12 1 und aus der Arbeit von Neitzert /69/ für den Schnellarbeitsstahl S 6-5-2 entnommen werden. Die Kurven sind im Anhang dargestellt.

6.3.2.3.1 Schnellarbeitsstahl S 6-5-2

Das Werkstoffverhalten der Matrizengeometrie $2\alpha = 120°/ R = 1$ mm wurde für den Schnellarbeitsstahl S 6-5-2 untersucht. Aus den elastischen Berechnungen mit DEFORM konnte eine lokale Plastifizierung im Übergangsradius erwartet werden. Die elastisch-plastischen Berechnungen ergaben die in Bild 55 gezeigte plastische Zone im Übergangsradius. Der berechnete Maximalwert der Vergleichsspannung liegt mit $\sigma_{vmax} = 3005\ N/mm^2$ höher als der elastisch berechnete Wert.

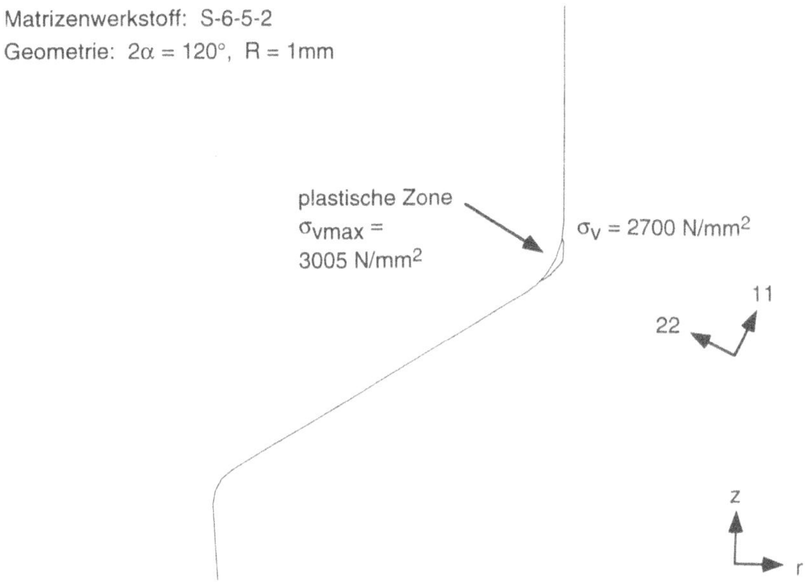

Bild 55: Plastische Zone im Übergangsradius der Matrize aus dem Schnellarbeitsstahl S 6-5-2 mit der Geometrie $2\alpha = 120°/ R = 1mm$. (Das lokale 11-22 Koordinatensystem entspricht der Richtung der Hauptnormalspannung im Übergangsradius.)

Das berechnete Spannungs-Dehnungsverhalten im Übergangsradius ist für die gleiche Werkstoff/Geometrie-Paarung in Bild 56 dargestellt. Die Lage des lokalen 11-22 Koordinatensystems, in welchem die Werte berechnet wurden, ist in Bild 55 gezeigt. Die Gesamtdehnungsamplitude wurde mit $\varepsilon_{at11} = 1/2\,\Delta\varepsilon_{t11} = 0{,}0060$, und die plastische Dehnungsamplitude wurde mit $\varepsilon_{ap11} = 0{,}0008$ berechnet.

Wird die Gesamtdehnungsamplitude zur Standmengenabschätzung mit Hilfe des von Kocanda /123, 124/ angegebenen Lebensdauerdiagramms für einen vergleichbaren Schnellarbeitsstahl verwendet, so ergibt sich entsprechend Bild 57 eine Standmenge von 280 Teilen bis zur Anrißbildung. Dieser Wert stimmt gut mit den von Hettig /65/ in den Fertigungssimulationsversuchen ermittelten

Anrißstandmengen überein. Für fünf Matrizen wurde ein Standmengenbereich bis Anriß von 50 - 400 bestimmt.

Für die Standmengenabschätzung konnte ein Lebensdauerdiagramm bei Raumtemperatur verwendet werden, das für einen Wärmebehandlungszustand des Schnellarbeitsstahls (ϑ_H = 1150° C, ϑ_A = 2 x 560 °C) gilt, der dem von Hettig /65/ gewählten Wärmebehandlungszustands (ϑ_H = 1165 °C, ϑ_A = 555, 570, 560 °C) sehr ähnlich ist.

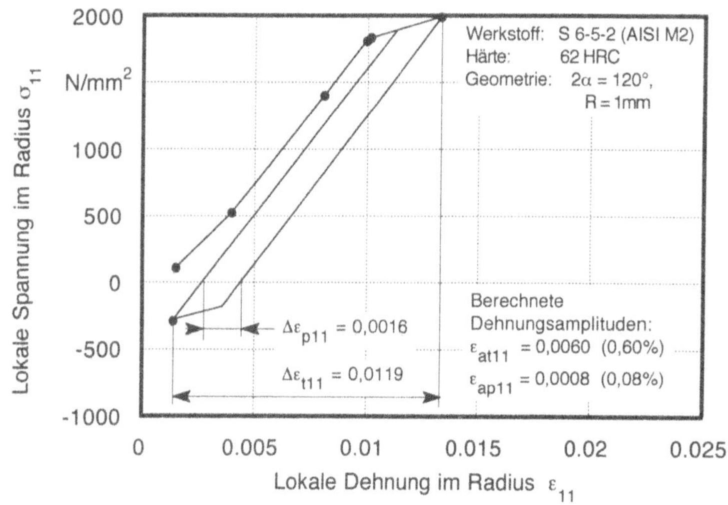

Bild 56: Spannungs-Dehnungs-Diagramm für den Schnellarbeitsstahl S 6-5-2 und der Matrizengeometrie 2α = 120°/ R = 1 mm.

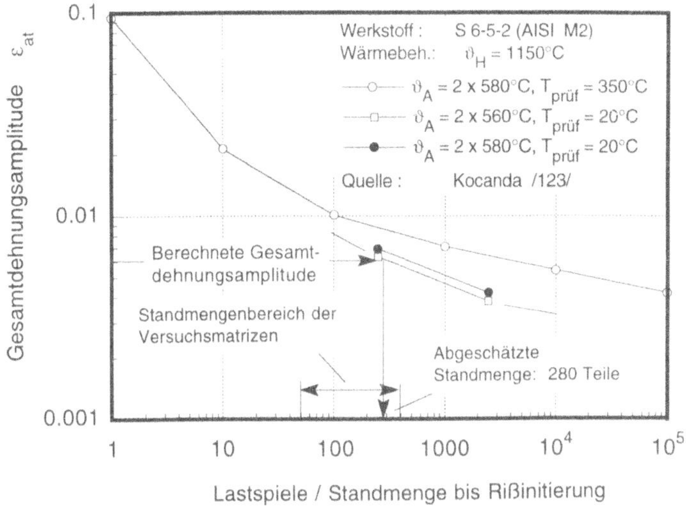

Bild 57: Standmengenabschätzung mit Hilfe des Lebensdauerdiagramms für die Matrize aus dem Schnellarbeitsstahl S 6-5-2 mit der Geometrie $2\alpha = 120°$/ R = 1 mm.

6.3.2.3.2 Kaltarbeitsstahl X155 CrVMo 12 1

Für diesen Matrizenwerkstoff mit einer Härte von 60 HRC wurden entsprechend Tabelle 3 drei unterschiedliche Matrizengeometrien untersucht.

Für die **Matrizengeometrie 2α = 120°/ R = 1mm** wurde aufgrund der im Vergleich zu dem Schnellarbeitsstahl S 6-5-2 niedrigeren Druckgrenze eine größere Gesamt- und plastische Dehnungsamplitude ermittelt. Bild 58 zeigt das Spannungs-Dehnungsverhalten des Werkstoffs im Übergangsradius.

In den Bildern 59 und 60 sind Richtung und Größe der Hauptnormalspannungen im Übergangsradius dargestellt. Als repräsentatives Beispiel wurde die Geometrie 2α = 120°/ R = 1 mm und der Kaltarbeitsstahl X155 CrVMo 12 1 gewählt. Die anderen untersuchten Geometrie - Werkstoffkombinationen zeigen eine ähnliche Verteilung der Hauptnormalspannungen am Übergangsradius.

Am Übergangsradius ändern die Hauptnormalspannungen unter der Umformkraft ihre Richtung. Die Vorspannung des Armierungsrings sorgt ohne Umformkraft für eine Ausrichtung der Hauptnormalspannungen in der Tangentialrichtung. Die Spannungen liegen zudem im Druckbereich.

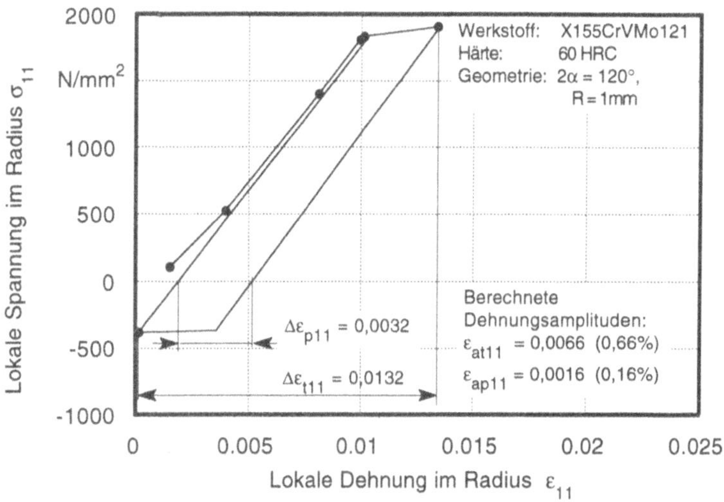

Bild 58: Spannungs-Dehnungs-Diagramm für den Kaltarbeitsstahl X155 CrVMo 12 1 und die Matrizengeometrie $2\alpha = 120°$/ R = 1 mm.

Die Kontaktnormalspannungen an der zylindrischen Wand und an der Preßschulter verursachen eine Aufbiegung im Übergangsradius. Diese Belastung verschiebt die Spannungen in den Zugbereich und sorgt für eine Ausrichtung tangential zum Radius in der r-z Ebene. Bild 60 verdeutlicht die veränderte Ausrichtung der Hauptnormalspannungen am Übergangsradius.

Die größte Zughauptnormalspannung ($\sigma_{1max} = \sigma_{11}$ = 1969 N/mm^2) tritt, wie Bild 59 zeigt, an der Stelle der Rißinitiierung im Radius auf. Der weitere Rißverlauf, der in Bild 59 nach Hettig /65/ dargestellt ist, erfolgt in den Ebenen der Zughauptnormalspannungen.

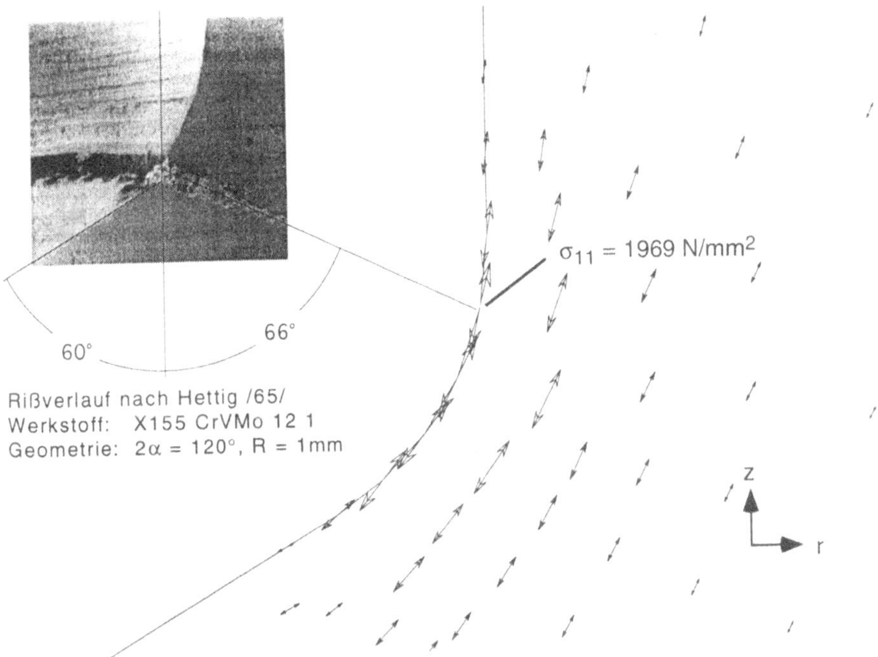

Bild 59: Richtung und Größe der Hauptnormalspannungen im Übergangsradius; Rißverlauf in einer Matrize nach Hettig in der r-z Ebene und berechnete Hauptnormalspannungsverteilung.

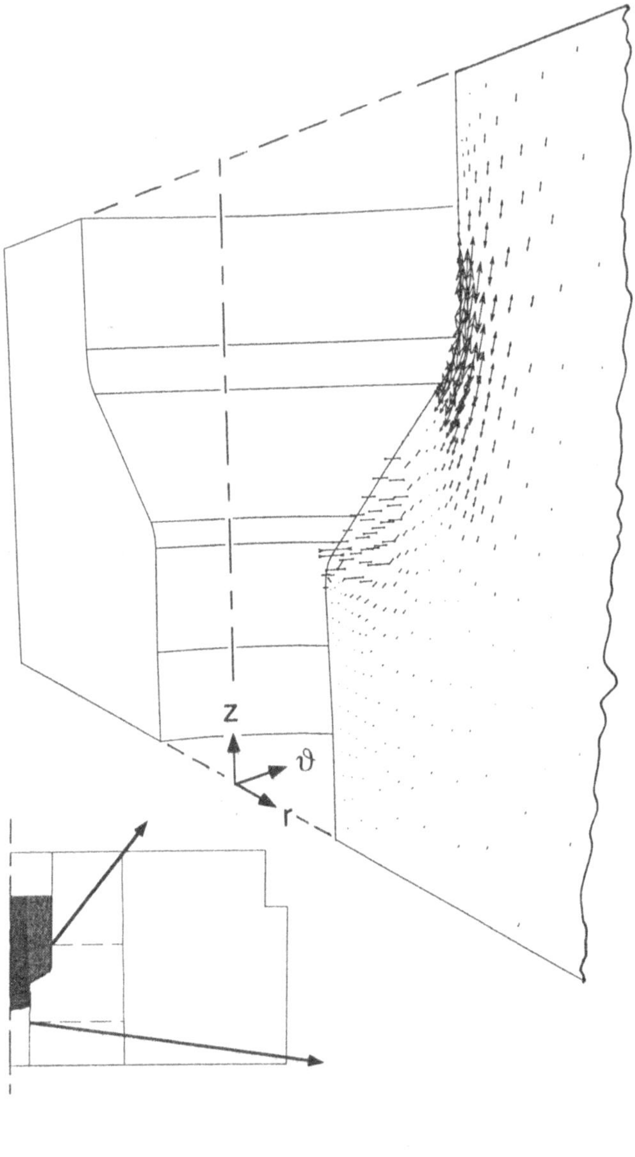

Bild 60: Richtung und Größe der Hauptnormalspannungen im Übergangsradius in drei-dimensionaler Darstellung.

Das Spannungs-Dehnungsverhalten für die **Matrizengeometrie $2\alpha = 90°$/ $R = 1mm$** ist in Bild 61 dargestellt. Aufgrund der geringeren Beanspruchung entsteht eine wesentlich verkleinerte Hysterese. Die Gesamtdehnungsamplitude berechnet sich als $\varepsilon_{at11} = 0{,}0054$, die plastische Dehnungsamplitude als $\varepsilon_{ap11} = 0{,}00023$.

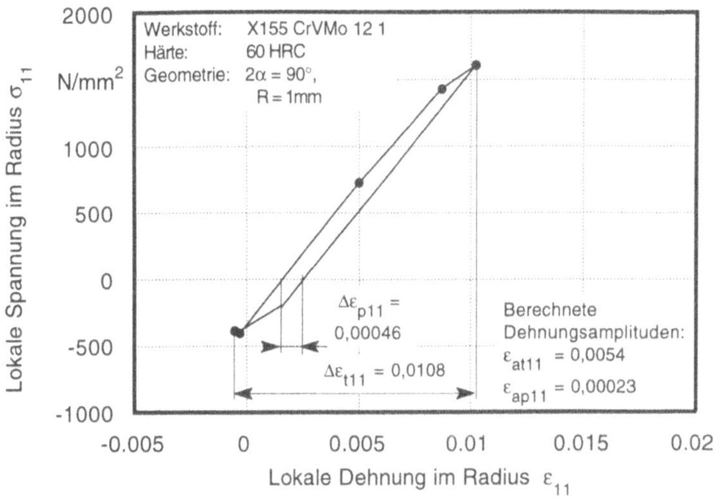

Bild 61: Spannungs-Dehnungs-Diagramm für den Kaltarbeitsstahl X155 CrVMo 12 1 und die Matrizengeometrie $2\alpha = 90°$/ $R = 1mm$.

Für die **Matrizengeometrie $2\alpha = 90°$/ $R = 2{,}5$ mm** konnte keine plastische Dehnung im Übergangsradius ermittelt werden. Die Gesamtdehnungsamplitude, welche hier gleich der elastischen Dehnungsamplitude ist, berechnet sich zu $\varepsilon_{at11} = 0{,}0033$.

Zur Überprüfung der berechneten Ergebnisse und zur Abschätzung des Werkstoff- und Standmengenverhaltens des Kaltarbeitsstahls X155 CrVMo 12 1 sind in Bild 62 die berechneten Gesamt- und plastischen Dehnungsamplituden über der von Hettig /65/ experimentell ermittelten Standmenge aufgetragen. Die Standmenge wurde aus fünf Matrizen gemittelt. Zu Vergleichszwecken sind auch die von Kocanda /123, 124/ für einen polnischen Schnellarbeitsstahl -

welcher ähnlich dem AISI M2 ist - ermittelten Lebensdauerdiagramme bei Raumtemperatur und 350°C aufgetragen.

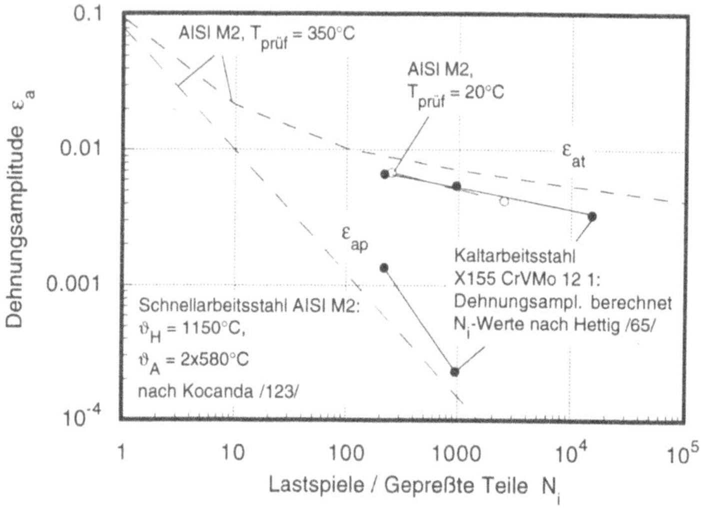

Bild 62: Vergleich des berechneten Werkstoffverhaltens des Kaltarbeitsstahls X155 CrVMo 12 1 mit den Lebensdauerdiagrammen des Schnellarbeitsstahls AISI M2 nach Kocanda /123/.

Das ermittelte Werkstoffverhalten des Kaltarbeitsstahls bei Raumtemperatur verläuft ähnlich dem des Schnellarbeitsstahl. Die Gesamtdehnungsamplituden bei Raumtemperatur verlaufen im untersuchten Standmengenbereich fast deckungsgleich. Der plastische Dehnungsamplitudenverlauf des Kaltarbeitsstahls kann nur mit dem für eine Prüftemperatur von 350 °C ermittelten Kurvenverlauf des Schnellarbeitsstahls verglichen werden. Der Verlauf der Kurve läßt vermuten, daß im Niedriglastspielbereich des Lebensdauerdiagramms der Kaltarbeitsstahl eine größere plastische Dehnungsamplitude ertragen kann als der Schnellarbeitsstahl.

6.3.2.4 Zusammenfassung

Die Ergebnisse der Analysen der Fertigungssimulationsversuche sind nochmals in Tabelle 4 zusammengefaßt. Zum Vergleich sind auch Simulationsergebnisse, welche von Hettig /65/ für die Geometrien 2α = 120°/ R = 1mm und 2α = 90°/ R = 2,5 mm ermittelt wurden, angegeben.

Geometrie	σ_{nmax} [N/mm²]	σ_{nmax}/65/ [N/mm²]	σ_{vmax} [N/mm²]	σ_{vmax}/65/ [N/mm²]	ε_{at11} [%]	ε_{ap11} [%]	Kraft [kN]	gemess. Kraft [kN] /65/
2α=120°/R=1mm	2150	2608	2810	3167	0,66	0,135	446	450
2α=90°/R=1mm	2014	-	2791	-	0,54	0,023	408	-
2α=90°/R=2,5mm	1973	2263	2068	2244	0,33	-	390	377

Tabelle 4: Zusammenfassung der berechneten Ergebnisse für den Kaltarbeitsstahl X155 CrVMo 12 1 und Vergleich mit berechneten und gemessenen Ergebnissen von Hettig /65/.

In der Arbeit von Hettig wurden sowohl die Prozeßsimulation als auch die Spannungsanalyse der Matrize mit ABAQUS durchgeführt. Die von Hettig mit ABAQUS ermittelten maximalen Kontaktspannungswerte σ_{nmax} liegen höher als die mit DEFORM berechneten Werte. Somit sind auch die maximalen Vergleichsspannungswerte σ_{vmax} von Hettig höher als die in dieser Arbeit ermittelten Werte. Die Differenz in den Spannungsspitzen, deren Wert stark von der Dichte der Vernetzung im kritischen Bereich abhängt, beträgt 15 - 20%.

Die in diesem Abschnitt berechneten Simulationsergebnisse erscheinen insgesamt realistisch, da die berechneten Umformkräfte gut mit den gemessenen Werten übereinstimmen. Außerdem zeigt das ermittelte Werkstoffverhalten des Kaltarbeitsstahls einen ähnlichen Verlauf des Lebensdauerdiagramms wie der aus der Literatur entnommene Verlauf eines Schnellarbeitsstahls. Für die untersuchte Matrizengeometrie aus dem Schnellarbeitsstahl S 6-5-2 konnte zudem die Standmenge mit guter Genauigkeit bestimmt werden.

6.4 Matrizenversagen beim Kaltschmieden von Gleichlaufgelenkteilen

6.4.1 Beschreibung des Umformprozesses und des Versagensfalls

Eine japanische Automobilfirma schmiedet alle Gleichlaufgelenkteile für den Vorderradantrieb ihrer Fahrzeuge kalt. Bild 63a zeigt die Stadienfolge zur Herstellung des Achszapfens mit Tripodenlaufbahnen für ein motorenseitiges Gleichlaufgelenk. In Bild 63b ist zusätzlich die innere Bauteilgeometrie zu sehen. Als Werkstückwerkstoff wird ein legierter Einsatzstahl ähnlich DIN 20MnCr5 verwendet.

a)

b)

Bild 63: Stadienfolge und Bauteilgeometrie des untersuchten Umformprozesses zur Herstellung von Achszapfen.

Bei der Herstellung des Achszapfens kommt es aufgrund der großen relativen Querschnittsänderung beim Napf-Rückwärts-Fließpressen in der dritten Umformstufe zur Ermüdungsrißbildung an zwei Stellen in der Matrize des unteren Werkzeugsatzs. Bild 64a zeigt schematisch den Aufbau des Werkzeugs und Bild 64b die untere Matrize.

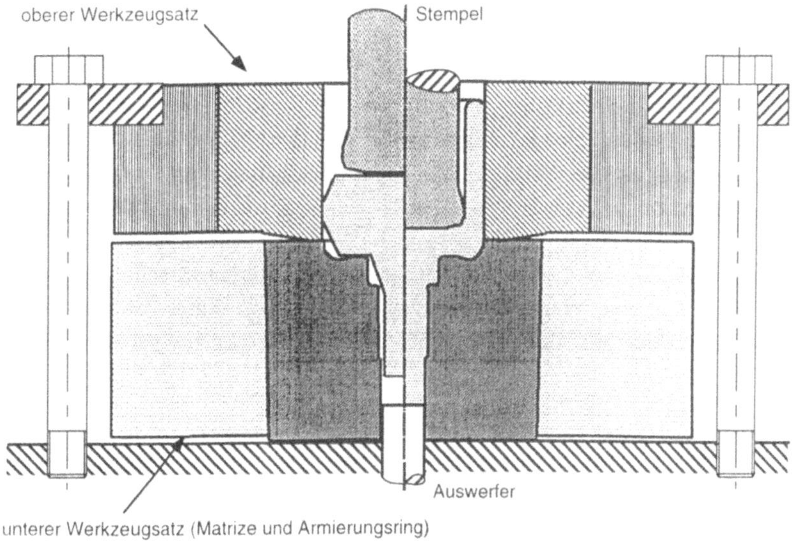

a)

b)

Bild 64: Aufbau des Werkzeugs für die dritte Umformstufe:
a) schematische Darstellung des Werkzeugs,
b) untere Matrize mit Werkstück vor und nach dem Umformen.

Die Lage der Risse und der Rißverlauf sind aus Bild 65 ersichtlich. Die Risse entstehen in zwei verschiedenen Übergangsradien auf unterschiedlichen Ebenen. Bedingt durch die Geometrie des Stempels ist die relative Querschnittsabnahme beim Napf-Rückwärts-Fließpressen unterschiedlich stark ausgeprägt. Die Risse am oberen Übergangsradius der Matrize (Napfübergangsradius) entstehen in der Ebene mit der größten Querschnittsabnahme. Die Risse im Übergangsradius des Schafts entstehen in der Ebene mit der geringsten Abnahme des Querschnitts.

In der Produktion kommt es zu einer starken Streuung der Werkzeugstandmenge aufgrund der Rißbildung. Bei einer durchschnittlichen Standmenge von 12.000 Teilen liegen die Extrem-Werte bei 4.700 und 34.000 Teilen.

Als Matrizenwerkstoff wird der japanische Markenschnellarbeitsstahl Hitachi YXR3 mit einer Härte von 56 - 58 HRC eingesetzt. Dieser Schnellarbeitsstahl ist vergleichbar mit dem AISI M50. Die Zusammensetzung des AISI M50 ist in Tabelle 5 gegeben.

AISI Bezeichnung	DIN Werk.st. Nr.	Japanischer Markenname	C	Si	Mn	Cr	Mo	Ni	V
M50	-	Hitachi YXR3	0,80	0,25	0,25	4,00	4,50	0,10	1,00

Tabelle 5: Zusammensetzung des Schnellarbeitsstahls AISI M50.

Die Streckgrenze und Zugfestigkeit des Werkzeugwerkstoffs wurden vom Stahlhersteller im Zugversuch für den verwendeten Werkstoff ermittelt:

Streckgrenze R_p: 1.700 N/mm^2;

Zugfestigkeit R_m: 2.400 N/mm^2.

Zur Erzielung dieser Eigenschaften wird von einer Härtetemperatur ϑ_H = 1140°C abgeschreckt und zweifach bei ϑ_A = 550 - 580°C angelassen.

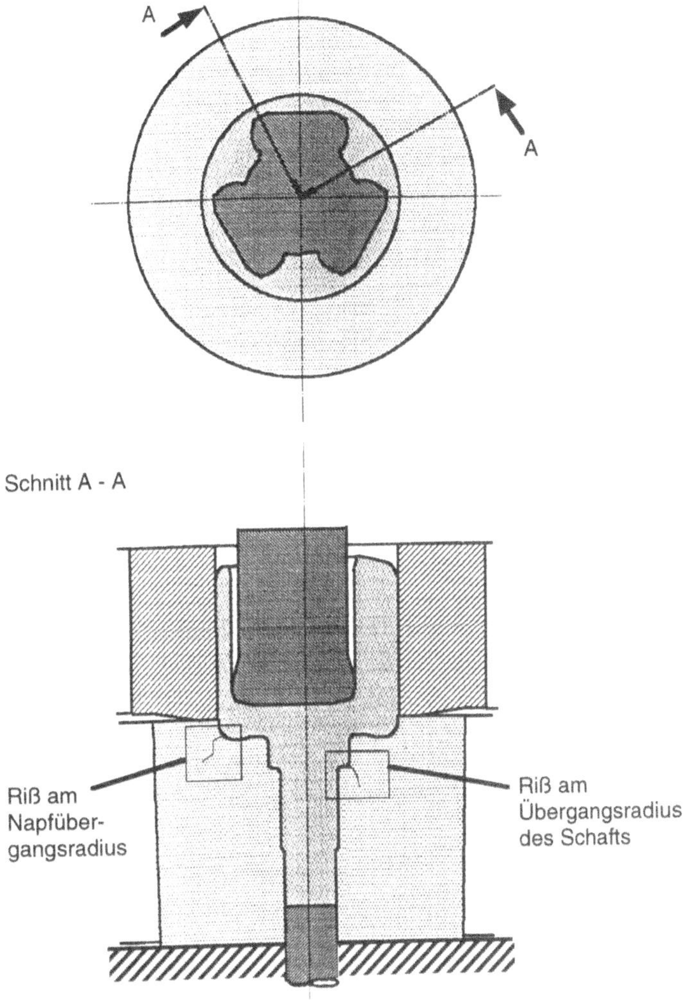

Bild 65: Lage der Rißentstehung in der Matrize.

6.4.2 Analyse des Versagensfalls

6.4.2.1 Prozeßsimulation

Aufgrund der inneren Geometrie des Napfs handelt es sich bei dem zu untersuchenden Versagensfall um einen Umformvorgang mit nicht-rotationssymmetrischem Werkstofffluß. Zur Durchführung der Prozeßsimulation mußten daher einige Annahmen getroffen werden, um den Umformvorgang mit dem zweidimensionalen Programm DEFORM untersuchen zu können.

Für die Schadensanalyse sind die r-z Ebenen im Werkzeug von Interesse, in denen die Ermüdungsrisse entstehen. Es sind dies die Ebenen in denen der Stempel den größten und den kleinsten Durchmesser besitzt. Bild 65 zeigt die Lage der Ebenen. Für die Prozeßsimulation wurde angenommen, daß das Formen eines zylindrischen Napfs mit einem Innendurchmesser gleich dem Durchmesser des Stempels in den betreffenden Ebenen eine gute Abschätzung der lokalen Werkzeugbelastung ergibt.

Es wurden deshalb zwei Simulationen mit unterschiedlichen Stempeldurchmessern ausgeführt, um die Kontaktspannungsverteilung in den interessierenden Ebenen zu bestimmen. Zur Überprüfung der verwendeten Modelle wurde zusätzlich eine Simulation mit dem mittleren Durchmesser der beiden ersten Simulationen durchgeführt. Bild 66 verdeutlicht die drei FEM Modelle, die verwendet wurden:

- Simulation des Formens eines dünnwandigen Napfs

  Zur Abschätzung der Kontaktspannungsverteilung in der Ebene des Risses am Napfübergangsradius wurde das Formen eines dünnwandigen Napfs mit zylindrischer Innenform simuliert. Der Fließbunddurchmesser des Stempels wurde dabei gleich dem Durchmesser des Hüllzylinders des Produktionsstempels gewählt.

- Simulation des Formens eines dickwandigen Napfs

  Zur Abschätzung der Kontaktspannungsverteilung in der Ebene des Risses am Übergangsradius des Schafts wurde das Formen eines dickwandigen Napfs mit zylindrischer Innenform simuliert. Der Fließbunddurchmesser des Stempels wurde dabei gleich dem Durchmesser des Kerns des Produktionsstempels gewählt.

- Simulation des Formens eines Napfs mit dem mittleren Innendurchmesser

  Zur Überprüfung der Simulationsmodelle wurde das Formen eines Napfs mit dem mittleren Fließbunddurchmesser der beiden ersten Simulationen untersucht. Bild 66 zeigt den mittleren Durchmesser. Gleichzeitig wurde in der Schmiede ein Versuch mit einem zylindrischen Stempel gleichen Durchmessers unternommen. Die Kraft-Weg-Verläufe und der Werkstofffluß konnten so direkt verglichen werden.

Die Ausbildung der Stempelstirnflächen und des Fließbunds für die Prozeßsimulation wurden vom Produktionsstempel übernommen.

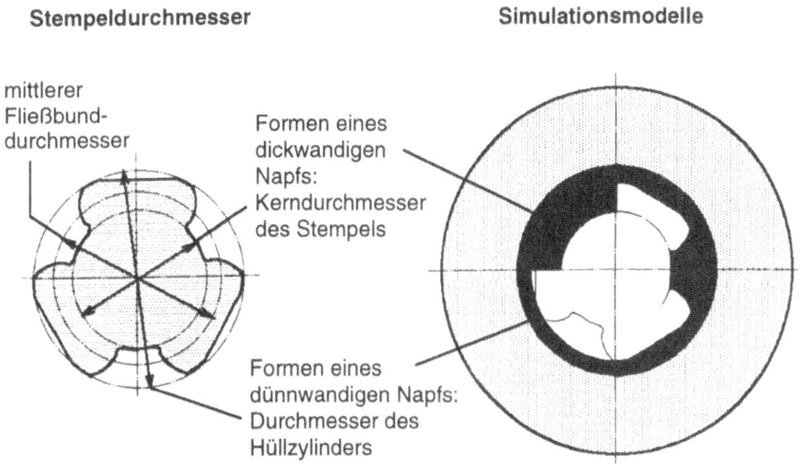

Bild 66: Simulationsmodelle der Prozeßsimulation.

In der Produktion hat der Flansch der gestauchten Zwischenform eine Höhe von 37,5 mm, wie aus Bild 63 ersichtlich ist. Der Stempelweg der dritten Umformstufe beträgt 25 mm. Die äußere Höhe des Napfs ergibt sich zu 60 mm mit einer Bodendicke von etwa 12,5 mm. Die Zwischenform wird nach der zweiten Umformstufe zwischengeglüht.

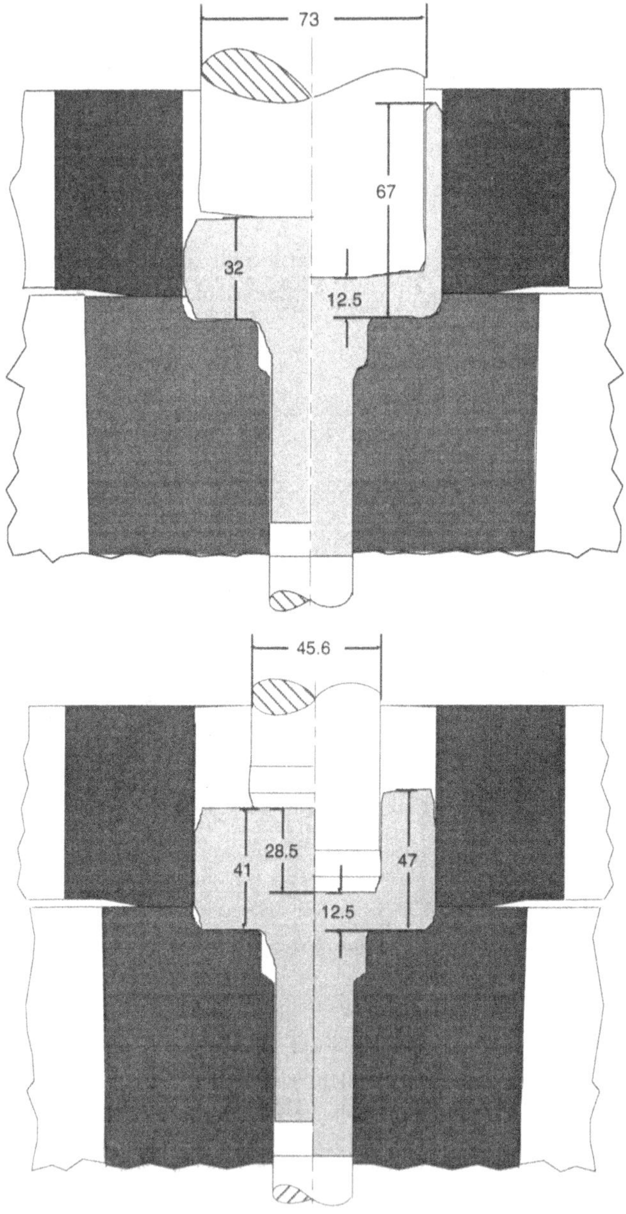

a)

b)

Bild 67: Berechnete Werkstückgeometrien der verwendeten Simulationsmodelle.
a) Formen eines dünnwandigen Napfs;
b) Formen eines dickwandigen Napfs.

Die Höhe des Flanschs und das Volumen der Zwischenform wurden in den verschiedenen Simulationsmodellen zur besseren Übereinstimmung des Werkstoffflusses mit den realen Verhältnissen etwas verändert. Für die Simulation des Formens eines dünnwandigen Napfs wurde die Flanschhöhe der Zwischenform und der Stößelweg verkürzt. So konnte am Ende des simulierten Umformvorgangs ein Napf mit ähnlicher Höhe wie in der Produktion erhalten werden.

Für die Simulation des Formens eines dickwandigen Napfs wurde die Flanschhöhe der Zwischenform und der Stößelweg etwas vergrößert, um einen Napf ausreichender Höhe zu erhalten. Somit konnte der quasi-stationäre Bereich des Umformvorgangs bestimmt werden. Die berechneten Werkstückgeometrien für die dünn- bzw. dickwandigen Napf- Simulationen sind in Bild 67 dargestellt.

Die Kraft-Weg-Verläufe aller Simulationen, sowie des Versuchs mit einem rotationssymmetrischen Stempel, sind in Bild 68 gezeigt. Der für den mittleren Fließbunddurchmesser berechnete Kraft-Weg-Verlauf stimmt gut mit dem im Versuch gemessenen Verlauf überein.

In Bild 69 wird der berechnete Werkstofffluß und der mit Visioplasticity im Versuch ermittelte Werkstofffluß für das Formen eines Napfs mit mittlerem Fließbunddurchmesser verglichen. Es herrscht eine gute Übereinstimmung.

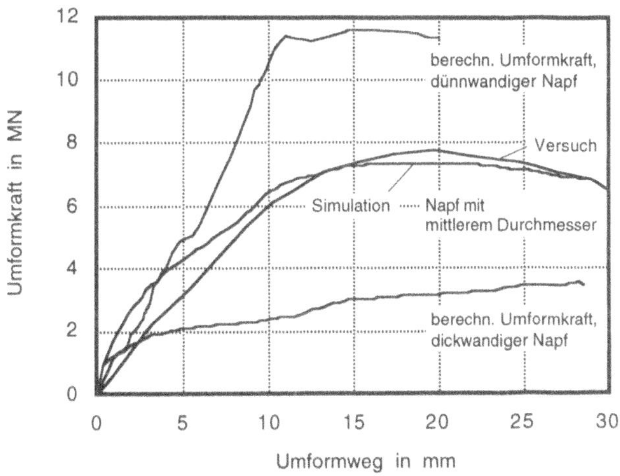

Bild 68: Berechnete und gemessene Kraft-Weg-Verläufe.

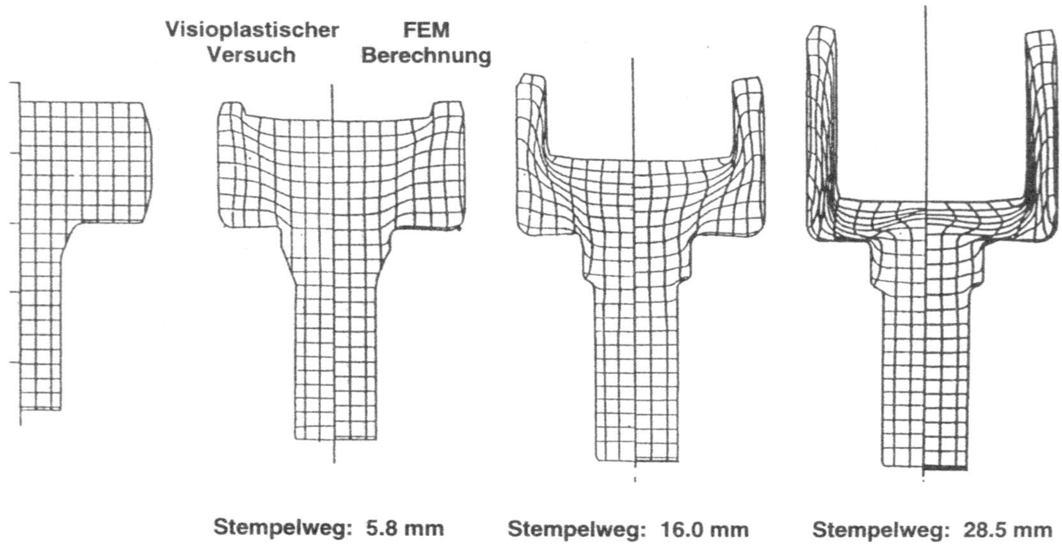

Bild 69: Vergleich des mit dem mittleren Fließbunddurchmesser berechneten und experimentell bestimmten Werkstofffluß.

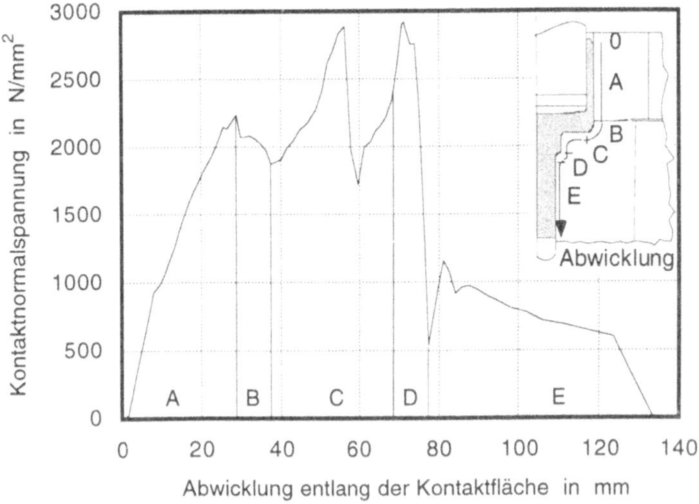

Bild 70: Normalkontaktspannungsverteilung unter maximaler Umformkraft beim Formen eines dünnwandigen Napfs.

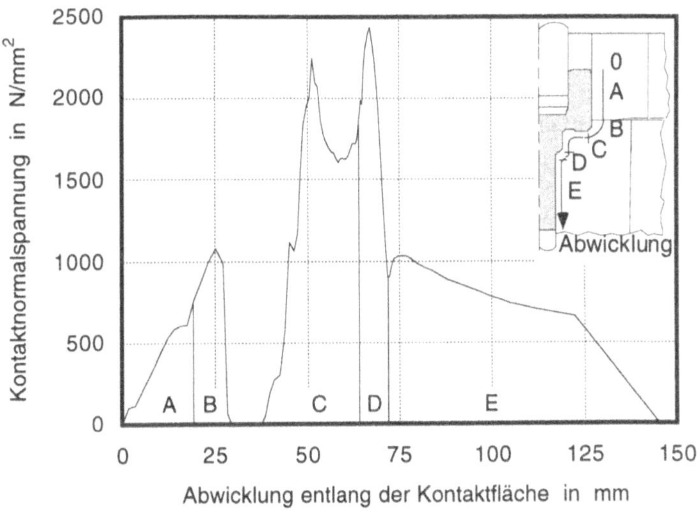

Bild 71: Normalkontaktspannungsverteilung im quasi-stationären Bereich beim Formen eines dickwandigen Napfs.

Die berechneten Kontaktspannungsverteilungen wurden für die beiden untersuchten Ebenen ausgewertet. Bild 70 zeigt die Normalkontaktspannungsverteilung beim Formen des dünnwandigen Napfs, welche für den Punkt der maximalen Umformkraft entsprechend Bild 68 berechnet wurde. In Bild 71 wird die Normalkontaktspannungsverteilung für das Formen des dickwandigen Napfs für den quasi-stationären Bereich mit konstanter Umformkraft dargestellt.

In beiden Ebenen ergeben sich drei Spannungsspitzen:

- am oberen Einleitungspunkt des Napfübergangsradius,
- am konvexen Übergangsradius zum Schaft,
- am unteren Auslaufpunkt des Übergangsradius des Schafts.

6.4.2.1 Spannungsanalyse der unteren Matrize

Für die rotationssymmetrische untere Matrize wurden zwei Spannungsanalysen mit den beiden berechneten Kontaktspannungsverteilungen durchgeführt. Für die Ebene des dünnwandigen Napfmodells wurden drei ausgewählte Punkte analysiert:

- maximale Kraft am Ende des instationären Bereichs des Umformvorgangs,
- maximale Kraft im quasi-stationären Bereich,
- unterer Totpunkt.

Für das Modell des dickwandigen Napfs wurde nur der untere Totpunkt, an dem die höchste Kraft herrscht, untersucht.

Bei der Analyse der Ergebnisse für die Ebene des dünnwandigen Napfs zeigte sich, daß der Spannungs-Dehnungszustand am unteren Totpunkt für die Rißbildung verantwortlich ist. Die Bilder 72 und 73 zeigen die Ergebnisse der Spannungsanalysen. Die Rißbildung läßt sich mit einer kleinen plastischen Zone im Napfübergangsradius an der Stelle der Rißbildung erklären (Bild 72b). Die Stelle der Rißbildung und der Rißverlauf am Napfübergangsradius einer Produktionsmatrize nach 5.950 gepreßten Teilen sind aus Bild 72a ersichtlich.

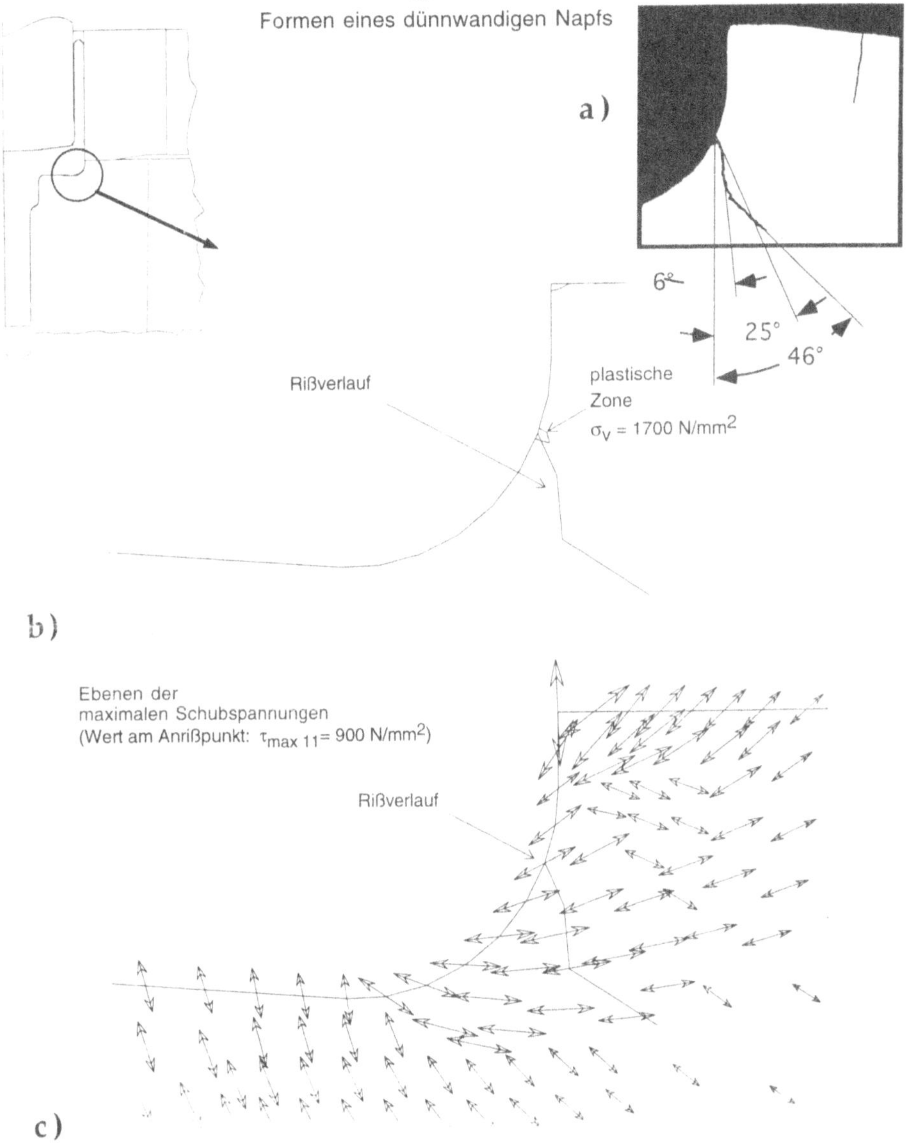

Bild 72 : Spannungszustände in der unteren Matrize in der Ebene des dünnwandigen Napfs.
a) Rißverlauf in einer Produktionsmatrize nach 5.950 verpreßten Teilen,
b) plastische Zone im Napfübergangsradius,
c) Ebenen der maximalen Schubspannung in Pfeildarstellung.

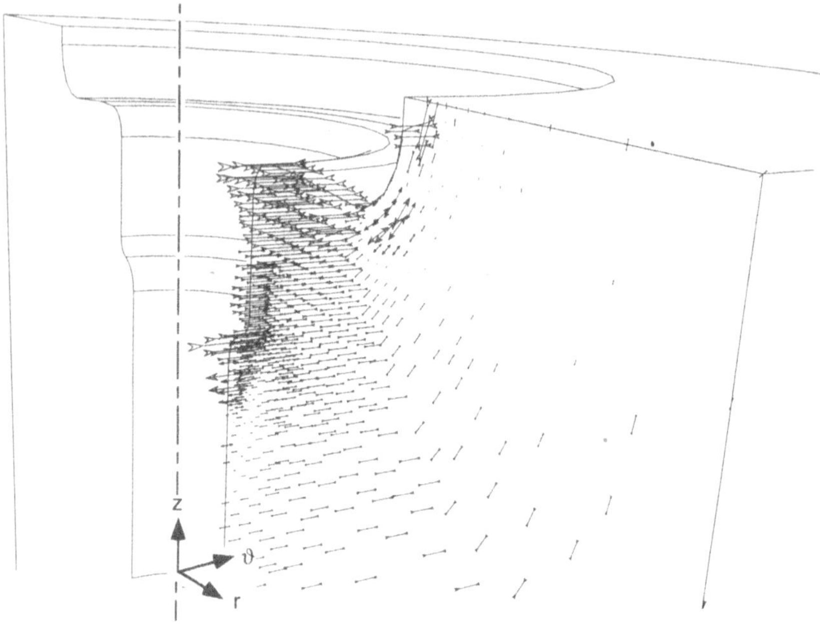

Bild 73 : Richtung und Größe der Hauptnormalspannungen in der unteren Matrize in der Ebene des dünnwandigen Napfs.

Die Auswertung der Spannungsanalyseergebnisse zeigt erneut, daß die veränderte Ausrichtung der Hauptnormalspannungen am Übergangsradius für das weitere Wachstum der initiierten Risse verantwortlich ist. Bild 73 zeigt die Hauptnormalspannungen in drei-dimensionaler Pfeildarstellung unter der Umformkraft. Die Hauptnormalspannungen im Napfübergangsradius liegen wieder in der r-z Ebene und sind im Zugbereich. Sie nehmen in diesem Fall jedoch wesentlich niedrigere Werte (σ_{1max} = 23 N/mm^2) an. Der Rißverlauf folgt zunächst auch nicht den Ebenen der Hauptnormalspannungen.

Vergleicht man jedoch die Ebenen der maximalen Schubspannungen am Ende des quasi-stationären Bereichs mit dem Rißverlauf, so kann das Rißwachstum erklärt werden. Bild 72c zeigt die Ebenen der maximalen Schubspannungen am Ende des quasi-stationären Bereichs des Umformvorgangs. Die Ebenen verlaufen senkrecht zu den Pfeilen.

Bis zum zweiten Umkehrpunkt des Rißverlaufs folgt das Rißwachstum den Ebenen der maximalen Schubspannung mit einer Richtung von 25° und 6° zur Vertikalen. Danach wird die Richtung des Rißwachstums von den Zughauptspannungen bestimmt, wie aus Bild 73 ersichtlich ist.

Aus der Kontaktnormalspannungsverteilung der Simulation des Formens eines dünnwandigen Napfs (Bild 70) ergibt sich, daß die höchsten Spannungswerte im Bereich des Übergangsradius des Schafts liegen. Auch in diesem Radius zeigen die Simulationsergebnisse für das Formen eines dünnwandigen Napfs, daß sich eine plastische Zone bildet. Die Hauptnormalspannungen liegen in diesem Radius jedoch im Druckbereich, wie aus Bild 74 ersichtlich ist. Es kommt somit nicht zum weiteren Wachstum eines Anrisses.

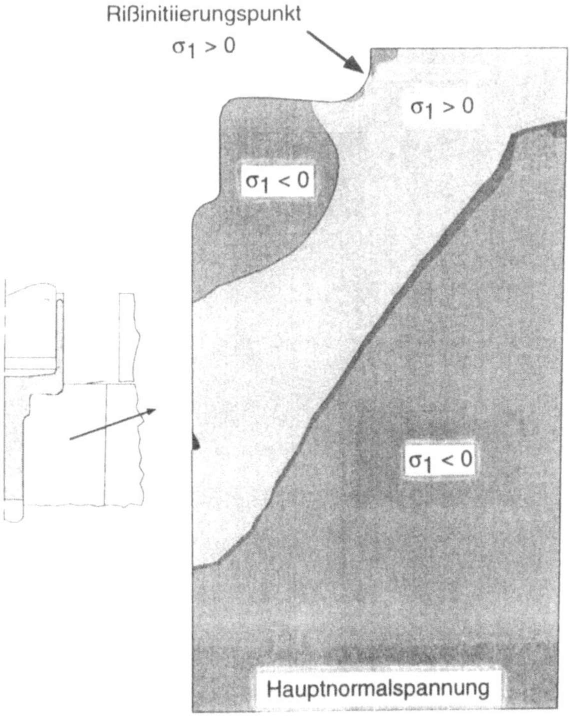

Bild 74: Zug - und Druckbereiche der Hauptnormalspannung im Querschnitt der Matrize berechnet für das Formen eines dünnwandigen Napfs.

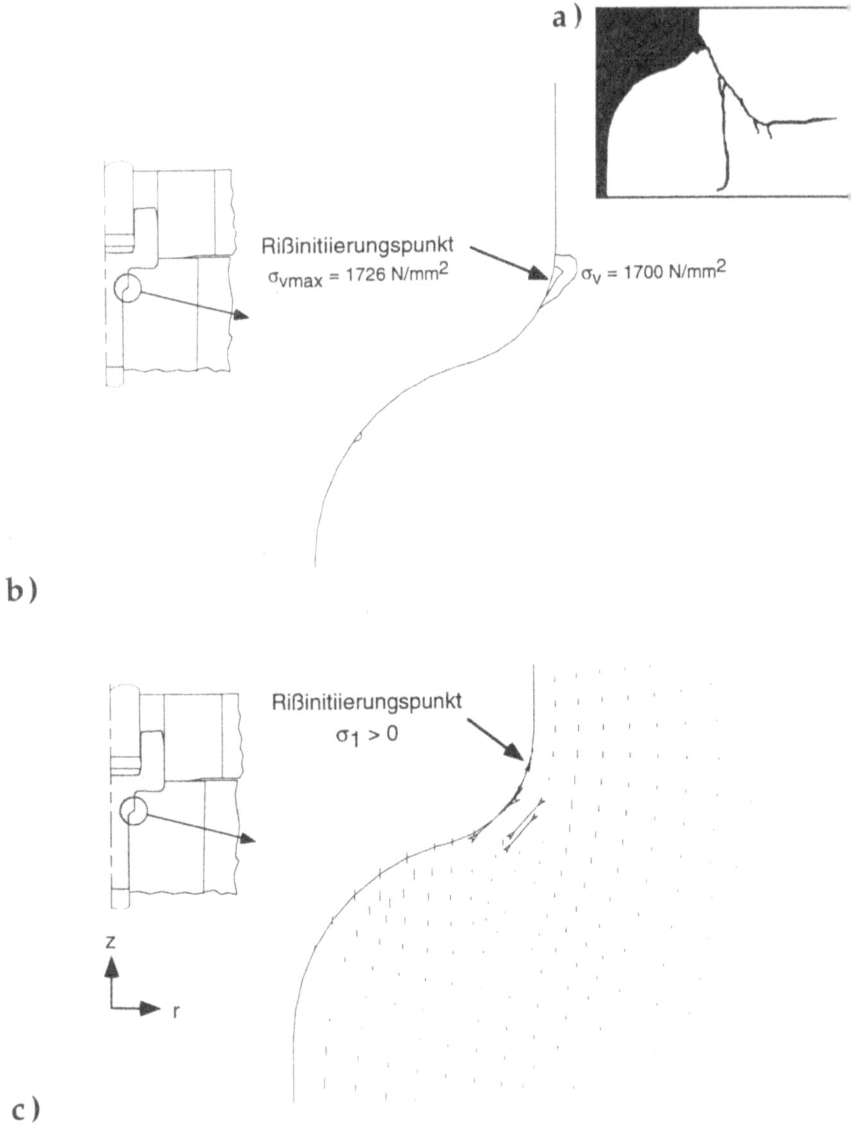

Bild 75 : Spannungszustände in der unteren Matrize in der Ebene des dickwandigen Napfs.
a) Rißverlauf in einer Produktionsmatrize nach 5.950 gepreßten Teilen,
b) plastische Zone im Napfübergangsradius,
c) Ebenen der Hauptnormalspannungen in Pfeildarstellung.

Für die Ebene des dickwandigen Napfmodells wurde der Spannungs- und Dehnungszustand am Übergangsradius des Schafts untersucht. Bild 75 zeigt den Rißverlauf aus der Produktionsmatrize und einige berechnete Spannungs- und Dehnungswerte. Auch hier konnte an der Stelle der Rißentstehung eine plastische Zone nachgewiesen werden (Bild 75b). Zusätzlich verläuft an dieser Stelle im Übergangsradius die Hauptnormalspannung tangential zum Radius in der r-z Ebene und liegt im Zugbereich. Diese beiden Tatsachen führen zur Rißbildung im Übergangsradius des Schafts.

Das Rißwachstum erfolgt zunächst in der Ebene der Zughauptnormalspannung. Danach kommt es zur Umlenkung und später zur Teilung des Rißpfads.

6.4.3. Diskussion des Versagensfalls

Bei der Untersuchung dieses Versagensfalls wurde auf die Durchführung einer Versagensanalyse verzichtet, da die Ursachen der Rißentstehung und der Rißverlauf anhand des Spannungs- und Dehnungszustands an den maximalen Kraftpunkten erklärt werden konnten. In diesem Fall war es für die Schadensanalyse ausreichend, eine Spannungsanalyse für die interessierenden Kraftpunkte während des Umformvorgangs auszuführen.

Die Untersuchung des Versagensfalls zeigt, daß die Rißbildung nur durch eine Änderung des Spannungs- und Dehnungszustands in der Matrize vermieden werden kann. Da das Werkzeug schon mehrfach geteilt ist und der Einbauraum der Produktionspresse mit dem existierenden Werkzeugabmessungen schon fast vollständig ausgefüllt ist, sollte eine Lösung mit der vorhandenen Werkzeugauslegung gefunden werden.

Von Seiten der japanischen Firma wurde daher entschieden, eine Lösung mit einem profilierten, bandgewickelten Armierungsring vom Typ Danfoss Opti-Fit /77, 120/ zu suchen. Am Innendurchmesser dieser Armierungsringe wird ein Profil geschliffen, das für unterschiedlich starke Radialdruckspannungen über der Höhe der Armierung sorgt. Dieses Profil muß zur Erzielung des gewünschten Effekts für jede Anwendung optimiert werden.

Zur Überprüfung der Anwendbarkeit dieser Technologie auf diesen speziellen Versagensfall beim Napf-Rückwärts-Fließpressen von Achszapfen wurde im Entwicklungszentrum der japanischen Firma zunächst ein Fertigungssimulationsversuch mit einem Opti-Fit Armierungsring durchgeführt.

6.4.4. Fertigungssimulationsversuch mit profilierter, bandgewickelter Matrize

Der Fertigungssimulationsversuch wurde von Nagao /121, 122/ mit Hilfe des in dieser Arbeit entwickelten Auslegungskonzepts entworfen. Bild 76 zeigt schematisch das verwendete Versuchswerkzeug. Es besteht aus einer Matrize mit Armierungsring und einem flachen Stempel.

Im Versuch wird ein zylindrisches Rohteil in einer Verfahrenskombination von Voll-Vorwärts-Fließpressen und freiem Stauchen umgeformt. Bei Verwendung eines zylindrischen Armierungsrings entsteht ein Spannungs- und Dehnungszustand am unteren Übergangsradius, der mit dem Spannungs- und Dehnungszustand am Übergangsradius des Schafts in der Produktionsmatrize - siehe Bild 75 - vergleichbar ist. In Bild 77 sind die plastische Dehnung und und in Bild 78 die Zughauptnormalspannungen am Übergangsradius dargestellt.

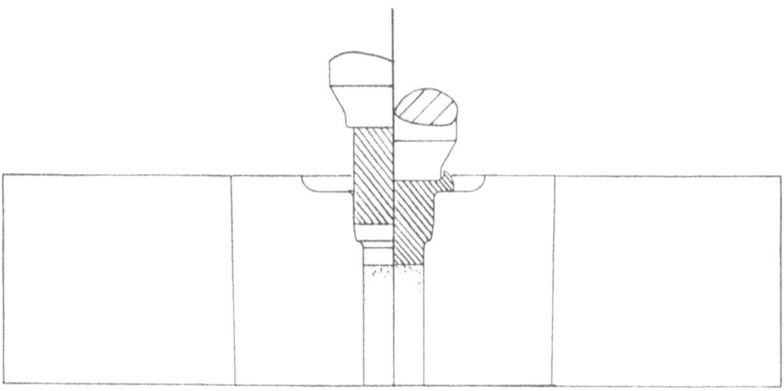

Bild 76: Schematische Darstellung von Werkzeug und Prozeß für den Fertigungssimulationsversuch (nach Nagao /121, 122/).

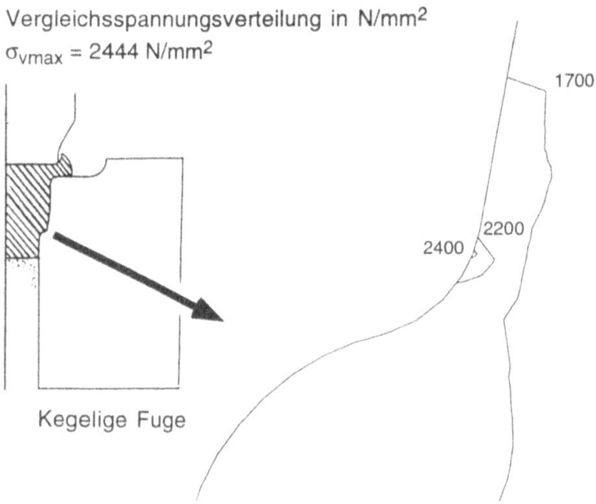

Bild 77: Bereich der plastischen Dehnung im kritischen Radius unter Verwendung eines zylindrischen Armierungsrings (nach Nagao /121/).

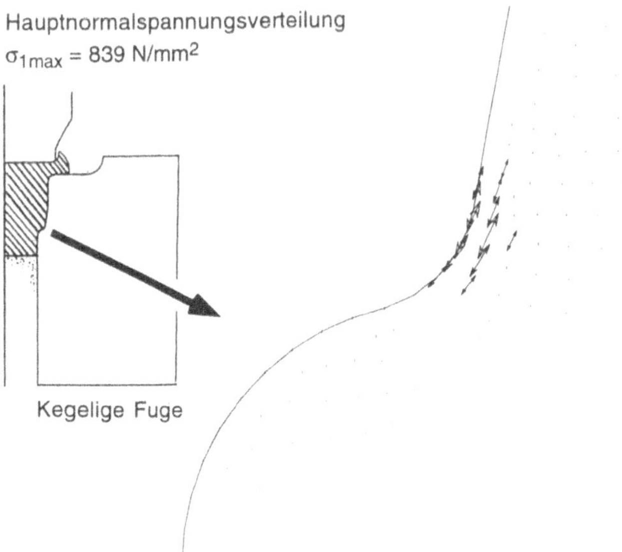

Bild 78: Richtung der Zughauptnormalspannungen im kritischen Radius unter Verwendung eines zylindrischen Armierungsrings (nach Nagao /121/).

Mit Hilfe einer Optimierung nach dem Taguchi-Verfahren konnte Nagao /121/ unter Verwendung des Auslegungskonzepts ein optimiertes Profil für eine bandgewickelte Opti-Fit-Armierung entwerfen. Der Einfluß der Profilierung ist aus Bild 79 ersichtlich, in dem die Verformung der Matrize unter maximaler Umformkraft und überlagerter Armierungsspannungen gezeigt wird.

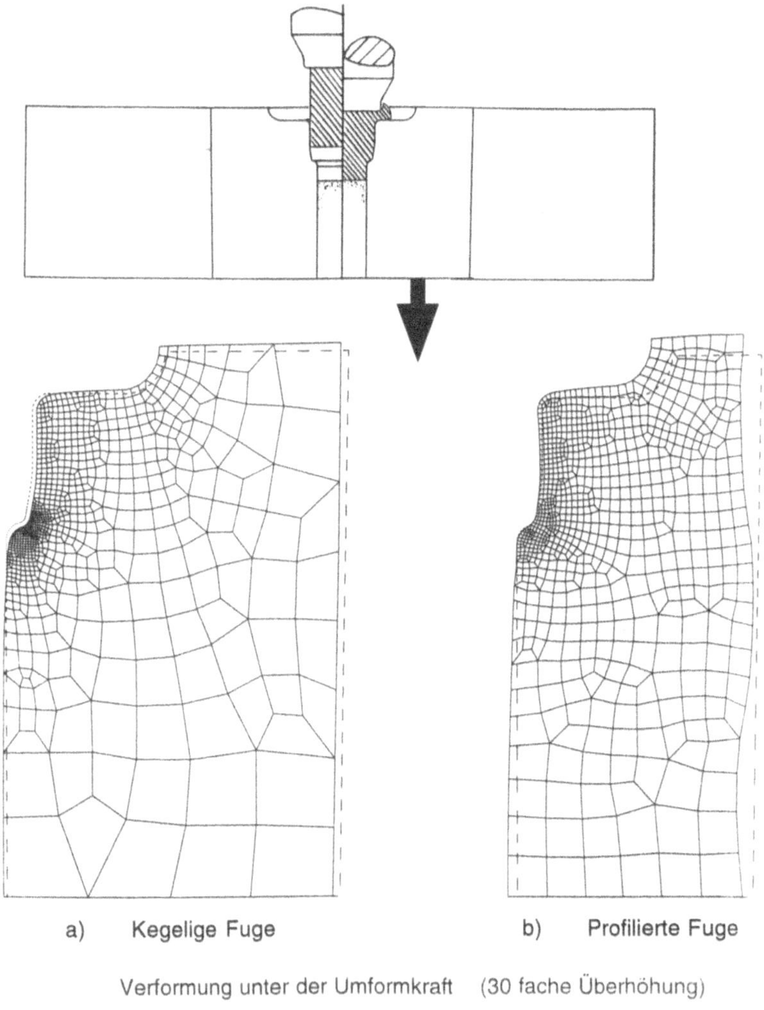

Bild 79: Verformung der Matrize unter maximaler Umformkraft (nach Nagao /121/).
a) zylindrischer Armierungsring,
b) profilierter Armierungsring.

Durch die Profilierung werden am kritischen Übergangsradius anstatt Zugbiegespannungen Druckbiegespannungen erzeugt. Bild 80 und 81 zeigen den neuen Spannungszustand bei Beanspruchung. Die plastische Zone kann gänzlich eliminiert werden, und die Hauptnormalspannungen liegen am Übergangsradius nun im Druckbereich.

Die Fertigungssimulationsversuche bestätigten dann die Annahmen. Bei Verwendung eines zylindrischen Armierungsrings kam es zur Rißbildung nach etwa 7.000 geschmiedeten Teilen. Bei Verwendung der Opti-Fit Armierung wurden 21.000 Teile ohne Anrißbildung geschmiedet, bevor der Versuch abgebrochen wurde. Der Anriß wurde mit einem optischen Mikroskop bestimmt.

6.4.5 Zusammenfassung

In diesem Abschnitt wurde das Ermüdungsversagen einer zweifach abgestuften Matrize der dritten Umformstufe einer Fertigungsfolge zum Kaltschmieden eines Achszapfens untersucht.

Die Ermüdungsrisse treten ähnlich wie in den zuvor untersuchten Geometrien an den Übergangsradien auf. Die Spannungs- und Dehnungszustände an den Radien sind für die Rißbildung und das Rißwachstum verantwortlich.

Diese Annahme konnte anhand Fertigungssimulationsversuche bestätigt und eine mögliche Lösung mit Hilfe eines profilierten, bandgewickelten Armierungsrings gefunden werden. Genauere Angaben zu der Werkzeugauslegung mit dem profilierten, bandgewickelten Armierungsring finden sich in /121/.

Mit Hilfe des Auslegungskonzepts wurde inzwischen von den Ingenieuren der Partnerfirma eine Werkzeugauslegung mit verändertem Spannungs- und Dehnungszuständen an den kritischen Radien erarbeitet. Eine erste Implementierung in der Produktion ist inzwischen erfolgt und erzielte eine zufriedenstellende Erhöhung der Matrizenstandmenge. Genauere Angaben zur modifizierten Werkzeugauslegung können aus vertraglichen Gründen nicht veröffentlicht werden.

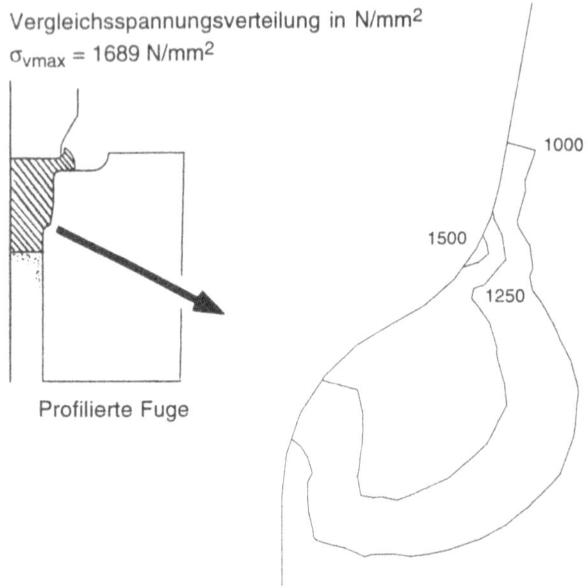

Bild 80: Bereich der plastischen Dehnung im kritischen Radius unter Verwendung eines profilierten Armierungsrings (nach Nagao /121/).

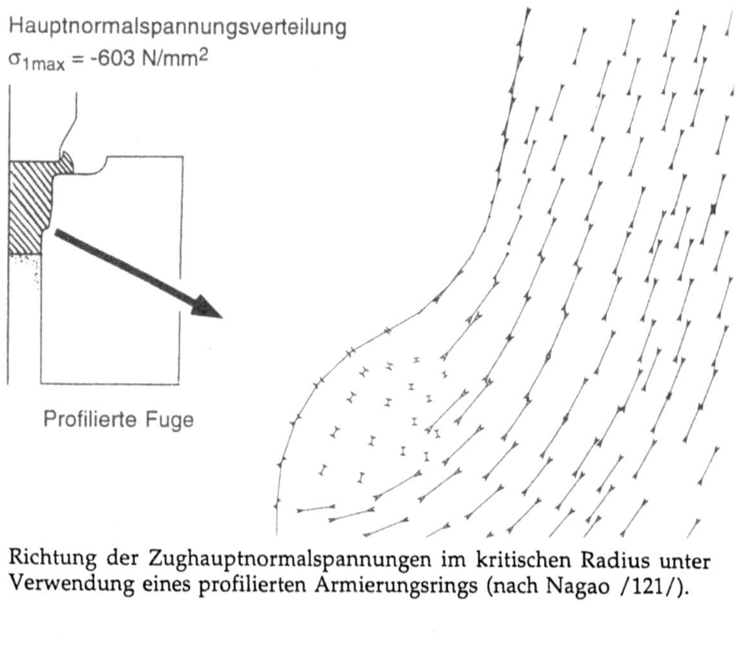

Bild 81: Richtung der Zughauptnormalspannungen im kritischen Radius unter Verwendung eines profilierten Armierungsrings (nach Nagao /121/).

7 Allgemeine Erkenntnisse zum Ermüdungsversagen von Massivumwerkzeugen aus den Versagensanalysen

7.1 Beanspruchung der Werkzeuge

Die in Abschnitt 6 dargestellten Ergebnisse der numerischen Analysen unterschiedlicher Versagensfällen zeigen deutlich die zur **Ermüdungsrißbildung** führenden Beanspruchungszustände in den Werkzeugen auf. Es konnten mehrere gemeinsame Versagensursachen gefunden werden, welche in diesem Abschnitt besprochen werden.

7.1.1 Lage der Rißinitiierung

In allen untersuchten Versagensfällen treten die Ermüdungsrisse an **Übergangsradien** in den Werkzeugaktivelementen auf. In dem in Abschnitt 6.1 analysierten Warmumformwerkzeug kommt es aufgrund der Aufweitung des Gesenks unter der Umformkraft zu einer hohen Beanspruchung des Werkzeugwerkstoffs im Gravurradius.

In den untersuchten Kaltmassivumformwerkzeugen verursacht die Kerbwirkung der Übergangsradien an den Querschnittsänderungen eine erhöhte Werkzeugbeanspruchung. Diese erhöhte Beanspruchung führt schließlich zur Bildung von Ermüdungsrissen in den Radien.

In allen untersuchten Beispielen ist die **Lage der Rißinitiierung** gleich der Lage der **höchsten Beanspruchung** im Werkzeug unter der **maximalen** Umformkraft.

7.1.2 Plastische Zone

Das wichtigste Ergebnis der Analysen ist die Tatsache, daß in allen untersuchten Versagensfällen eine **lokale plastische Zone** an der Stelle der **Rißinitiierung** festgestellt werden konnte. Die durch die Kerbwirkung der Übergangsradien verursachte erhöhte Werkzeugbeanspruchung **übersteigt** in den untersuchten Versagensfällen die **statische Festigkeit des Werkzeugwerkstoffs** in der eingesetzten Wärmebehandlung. Schon beim ersten Belastungszyklus kommt es zur Überschreitung der statischen Streckgrenze des Werkzeugwerkstoffs im Radius.

Mit Ausnahme der plastischen Zone am Übergangsradius wird der überwiegende Teil eines Werkzeugaktivelements während eines Umformvorgangs **elastisch verformt** und **federt nach der Entlastung zurück**. In der Kaltmassivumformung wird die elastische Rückfederung zusätzlich durch den **armierten Schrumpfverband** verstärkt.

Es ergeben sich dabei zwei wichtige Effekte, die den Beanspruchungsverlauf in Massivumformwerkzeugen charakterisieren:

- Durch Rückfederung des sich vornehmlich elastisch verformenden Querschnitts des Werkzeugs, wird **ein Teil der plastischen Dehnung** an der am höchsten belasteten Stelle beim **Entlasten** wieder **rückgängig** gemacht.
- Der **elastische Bereich** des Werkzeugs **verformt** sich unter der bei jedem Umformvorgang etwa konstanten Umformkraft **stets gleich**. Deshalb wird der **plastische Werkstoffbereich** an der am höchsten belasteten Zone **während jedes Belastungszyklus innerhalb der gleichen Gesamtdehnungsgrenzen gedehnt und gestaucht**. Der **zyklische Beanspruchungsverlauf** ist deshalb **dehnungskontrolliert.**

Die Untersuchungen zeigen, daß Ermüdungsrisse in den analysierten Massivumformwerkzeugen in Übergangsradien entstehen, in denen sich eine plastische Zone bildet, die einer zyklischen, dehnungskontrollierten Beanspruchung ausgesetzt ist. Unter der zyklischen Beanspruchung entstehen in der plastischen Zone Mikrorisse, die allmählich zu einem erfaßbaren Riß zusammenwachsen.

Der beschriebene Rißentstehungsmechanismus und die zur Rißinitiierung führenden Zahl der Lastwechsel bestätigen erneut, daß es sich hier um den Versagensfall Low Cycle Fatigue handelt.

7.1.3 Richtung der Hauptnormalspannungen

Die Untersuchung der Versagensfälle zeigte eine weitere gemeinsame Versagensursache:

An der Stelle der Rißbildung verlaufen in allen vier Beispielen die Hauptnormalspannungen unter der Umformkraft tangential zum Übergangsradius und liegen im Zugbereich. Hierin liegt die Ursache für das weitere Wachstum der in der plastischen Zone entstehenden Risse.

Ermüdungsrisse wachsen durch Öffnung der Rißspitze unter der Last. Die Rißspitze kann unter der Umformkraft nur geöffnet werden, wenn die Hauptnormalspannungen in der plastischen Zone im Zugbereich liegen.

Anhand der VVFP-Fertigungssimulationsversuche in Abschnitt 6.3 läßt sich auch zeigen, daß die Rißwachstumsgeschwindigkeit von der Größe der Hauptnormalspannung abhängt. Bild 82 zeigt, daß eine Halbierung der maximalen Hauptnormalspannung (hier von 1906 N/mm² auf 908 N/mm²) im Radius eine Reduzierung der stabilen Rißausbreitungsgeschwindigkeit um zwei Größenordnungen ergibt.

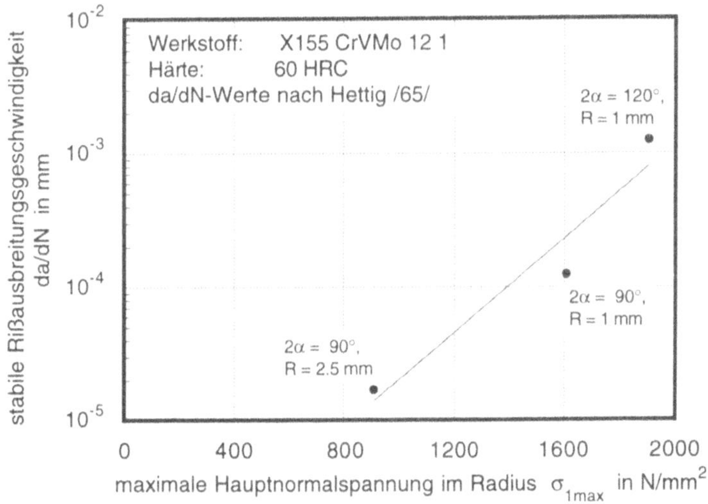

Bild 82: Zusammenhang zwischen der Rißausbreitungsgeschwindigkeit und der Hauptnormalspannung in Radius für die untersuchten VVFP-Fertigungssimulationsversuche.

7.1.3 Verlauf der Rißausbreitung

In allen untersuchten Versagensfällen stimmt die Rißausbreitungsrichtung mit den Ebenen der Hauptnormalspannungen bzw. der maximalen Schubspannungen überein. Als Beispiele seien die Rißausbreitung in der VVFP-

Matrize (Bild 59) und die Rißausbreitung am Napfübergangsradius der Gleichlaufgelenkteilmatrize (Bilder 72 und 73) erwähnt. Im Fall der Matrize zur Herstellung der Gleichlaufgelenkteile nehmen die Hauptnormalspannungen im Übergangsradius niedrige Werte im Zugbereich an. Die Rißausbreitung nahe dem Radius wird zunächst von den höheren Schubspannungen bestimmt.

7.2 Rißbildung und Rißwachstum

Das in dieser Arbeit entwickelte Auslegungskonzept beschränkt sich auf die Abschätzung der Standmenge bis zum Entstehen eines makroskopischen Risses im Werkzeug. Obwohl mit angerissenen Werkzeugen oft noch gute Teile produziert werden, und die Lebensdauer eines Werkzeugaktivelements noch nicht beendet sein muß, wurde auf das Abschätzen der Rißwachstumsphase bewußt verzichtet.

Die Gründe für diese Vorgehensweise lassen sich wie folgt anführen:

- Massivumformwerkzeuge sollten generell so ausgelegt werden, daß Verschleiß zum Versagen der Werkzeugaktivelemente führt. Verschleiß kann mit den Methoden der Statistischen Prozeßüberwachung (SPC) erfaßt, und das Versagen des Werkzeugs kann durch Messungen am Werkstück rechtzeitig erkannt werden. Störungen im Fertigungsablauf und Ausschuß können so auf ein Minimum gehalten werden.
- Die Abschätzung der Rißwachstumsphase ist mit den Methoden der Bruchmechanik möglich /66/. Die notwendige Vorgehensweise ist jedoch mit einem weitaus größeren Aufwand verbunden als das in dieser Arbeit vorgestellte Auslegungskonzept. Zudem fehlen für die meisten Werkzeugwerkstoffe die notwendigen bruchmechanischen Werkstoffkennwerte.

Hauptziel der industriellen Anwendung einer Standmengenabschätzung wird darin liegen, Werkzeuge so auszulegen, daß ein Anriß eines Werkzeugs überhaupt nicht oder erst bei einer im Verschleißbereich liegenden Standmenge erfolgt. Dieses Ziel ist mit dem in dieser Arbeit vorgestellten Auslegungskonzept erreichbar.

7.3 Werkzeugwerkstoffe und verfügbare Werkstoffkennwerte

Für eine Beanspruchungsanalyse und eine Anwendung des Auslegungskonzept werden die zyklische bzw. die statische Spannungs-Dehnungs-Kurven für den betreffenden Wärmebehandlungszustand des Werkzeugwerkstoffs benötigt. Für die Versagensanalyse sollte das entsprechende Lebensdauerdiagramm (ε_a - N Diagramm) vorhanden sein.

Diese zyklischen Werkstoffkennwerte wurden bisher für Werkzeugstähle nicht benötigt, und sind somit nur sporadisch verfügbar. Selbst die statische Spannungs-Dehnungs-Kurve ist für die wenigsten Werkzeugstähle aus der Literatur erhältlich.

Im Laufe dieser Untersuchung wurde in der Literatur und in den Datenblätter der Werkstoffhersteller nach den notwendigen Werkstoffkennwerten gesucht. Im folgenden Abschnitt wird auf das entsprechenden Schrifttum hingewiesen.

7.3.1 Werkstoffkennwerte für Warmarbeitsstähle

Zur Untersuchung von Warmmassivumformverfahren werden für die Warmarbeitsstähle sowohl mechanische als auch thermische Werkstoffkennwerte benötigt. Die mechanischen Kennwerte müssen zudem in Abhängigkeit von der Temperatur bekannt sein.

Als Quellen für die Werkstoffkennwerte sei auf die Datenblätter der Stahlhersteller /129, 130, 131, 132/, sowie auf Veröffentlichungen in der Literatur /89, 90, 128, 133, 134, 135, 136/ verwiesen. Die umfassendste Datensammlung für hochlegierte Warmarbeitsstähle wurde von Schruff /132/ zusammengestellt.

Für die Warmarbeitstähle ist es üblich, die mechanischen Eigenschaften, wie die Streckgrenze R_p, die Zugfestigkeit R_m, die Bruchdehnung A, sowie die Brucheinschnürung Z in Abhängigkeit von der Prüftemperatur anzugeben. Die statische Spannungs-Dehnungs-Kurven, welche zur Ermittlung der veröffentlichten Daten aufgenommen wurden, konnten in keiner der genannten Veröffentlichungen gefunden werden. Bisher wurden diese Kurven nicht von den Kunden der Stahlhersteller benötigt. Die gewünschten Daten können eventuell durch Nachfrage beim Stahlhersteller erhalten werden.

Zyklische Werkstoffkennwerte, wie die zyklische Spannungs-Dehnungs-Kurve oder das Lebensdauerdiagramm, sind für die Warmarbeitsstähle bisher kaum bestimmt worden. Allein Haberling /134/ veröffentlichte Wöhlerkurven für die Stähle X 38 CrMoV 5 1 und X 40 CrMoV 5 3.

Im Rahmen dieser Untersuchung wurden für den amerikanischen Markenstahl Finkl FX, der mit dem DIN-Stahl 1.2314 vergleichbar ist, die zyklische Spannungs-Dehnungs-Kurven bei erhöhten Temperaturen aufgenommen. Aus diesen Kurven und den statischen Spannungs-Dehnungs-Kurven konnte dann entsprechend Abschnitt 4.2.2 das Lebensdauerdiagramm (ε_a - N Diagramm) abgeschätzt werden. Die ermittelten zyklischen Werkstoffkennwerte sind in den Bildern 26 und 31 dargestellt.

7.3.2 Werkstoffkennwerte für Werkzeugwerkstoffe der Kaltmassivumformung

Für die Werkzeugwerkstoffe der Kaltmassivumformung werden für die Spannungsanalyse die Spannungs-Dehnungs-Kurven bei Raumtemperatur, sowie der Elastizitätsmodul und die Querkontraktionszahl, benötigt. Auch für die Werkzeugwerkstoffe der Kaltmassivumformung finden sich in den Datenblätter der Hersteller nur Werte für die Streckgrenze R_p, die Zugfestigkeit R_m, die Bruchdehnung A und die Brucheinschnürung Z. Für die Kaltarbeitsstähle werden diese Werkstoffkennwerte für unterschiedliche Wärmebehandlungen und Härten angegeben. In vielen Fällen wird nur die Härte angegeben.

Als Quellen sei auf die ICFG Documents 4/82 /90/, die VDI Richtlinien 3176 /68/ und 3186, Blatt 1 /116/, die Datenblätter der Stahlhersteller /129/, sowie die Literatur /16, 69, 77, 91, 137, 138, 139/ verwiesen. Tabelle 5 zeigt eine Zusammenstellung der in der Literatur gefundenen Werte für die Streckgrenze bzw. Stauchgrenze der Werkstoffe in Abhängigkeit von der Härte.

Am Institut für Umformtechnik der Universität Stuttgart wurden in einer Reihe von Untersuchungen quasi-statische Fließkurven für den gebräuchlichen Kaltarbeitsstahl X 155 CrVMo 12 1 /16/ und den Schnellarbeitsstahl S 6-5-2 /69/ aufgenommen. Zudem wurde die Fließkurve bei Raumtemperatur für den Warmarbeitsstahl X 40 CrMoV 5 1 /69/, der häufig als Armierungsringwerkstoff eingesetzt wird, bestimmt. Die Fließkurven (Fließspannung über der plastischen

Dehnung) wurden im Rahmen dieser Arbeit in Spannungs-Dehnungs-Diagramme umgerechnet. Die ermittelten Spannungs-Dehnungs-Diagramme sind in Anhang dargestellt.

Zyklische Spannungs-Dehnungs-Kurven konnten mit einer Ausnahme nicht in der Literatur gefunden werden. Kocanda /123, 124/ untersuchte das zyklische Werkstoffverhalten des polnischen Schnellarbeitsstahls SW7M, der mit dem AISI M2 Schnellarbeitsstahl vergleichbar ist. Obwohl sich die Untersuchung vornehmlich mit dem Temperaturbereich der Halbwarmumformung beschäftigt, sind einige Daten auch für das Verhalten bei Raumtemperatur enthalten.

Im Rahmen dieser Arbeit wurden das zyklische Werkstoffverhalten des amerikanischen Markenwarmarbeitsstahls Finkl FX, vergleichbar dem DIN Stahl 1.2714, ermittelt. Die Werkstoffdaten sind im Abschnitt 6.1 dargestellt.

7.3.3 Bedeutung der Wärmebehandlung für die Werkzeugwerkstoffe der Kaltmassivumformung

Die mechanischen Eigenschaften eines Werkzeugstahls werden im besonderen Maße von der durchgeführten Wärmebehandlung - Härtetemperatur, Anlaßtemperatur, Anlaßdauer, sowie Anzahl der Anlaßvorgänge - bestimmt.

7.3.3.1 Einfluß der Wärmebehandlung auf die mechanischen Eigenschaften

Die Art der Wärmebehandlung hat einen bedeutenden Einfluß auf die Streckgrenze bzw. Stauchgrenze des Werkzeugwerkstoffe. Tabelle 5 im Anhang verdeutlicht diese Aussage. So weichen die in der Literatur gefundenen Werte der Stauchgrenze für den Kaltarbeitsstahl X 155 CrVMo 12 1 und den Schnellarbeitsstahl S 6-5-2 bei gleicher Härteangabe zum Teil deutlich voneinander ab.

Der Einfluß der Wärmebehandlung soll anhand der Bilder 81 und 82 verdeutlicht werden. Bild 83 zeigt den Einfluß der Anlaßdauer auf die erreichbare Härte des Kaltarbeitsstahls X 155 CrVMo 12 1. Es handelt sich bei den angegebenen Wärmebehandlungszuständen um Sonderwärmebehandlungen mit hohen Härte- und Anlaßtemperaturen und mehrfachem Anlassen. Die dargestellten Kurven liegen im Bereich des Sekundärhärtemaximums mit maximalen Härten von etwa 62 HRC.

In Bild 84 ist der Einfluß der Anlaßtemperatur auf die Härte und erreichbare Stauchgrenze dargestellt. Es soll außerdem gezeigt werden, daß der Kurvenverlauf von Härte und mechanischen Eigenschaften nicht immer konstant ist Die von Reiss /16/ durchgeführte Wärmebehandlung erzeugt ein Maximum in der Stauchgrenze bei monoton abfallenden Härtewerten.

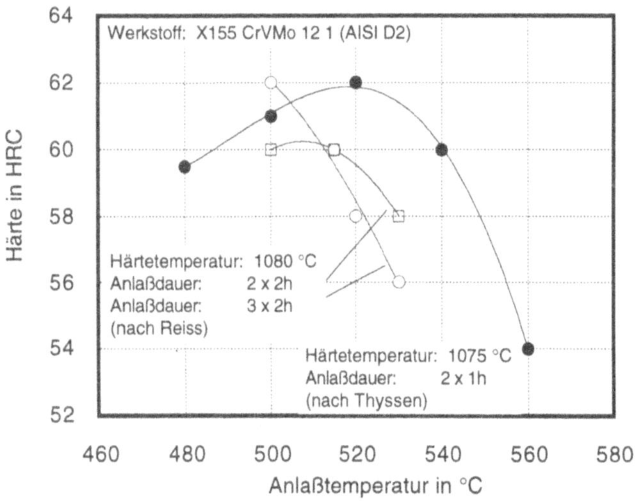

Bild 83: Einfluß der Anlaßdauer und -temperatur auf die erreichbare Härte für die Sonderwärmebehandlung des Kaltarbeitsstahls X 155 CrVMo 12 1.

Die dargestellten Härte- und Stauchgrenzenverläufe machen deutlich, daß die alleinige Angabe der Härte zur Festlegung der Wärmebehandlung bzw. der mechanischen Eigenschaften eines Werkzeugwerkstoffs nicht ausreichend ist.

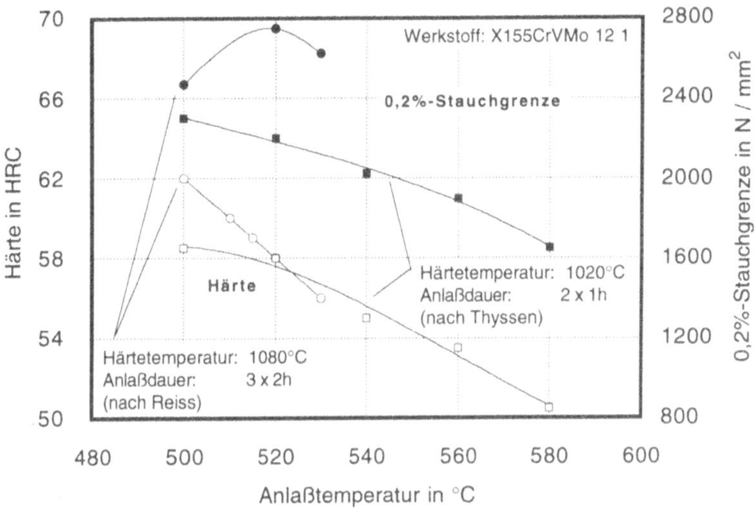

Bild 84: Einfluß der Härtetemperatur auf die erreichbare Härte für Sonderwärmebehandlungen des Kaltarbeitsstahls X 155 CrVMo 12 1.

7.3.3.2 Einfluß der Sonderwärmebehandlung

Nach Reiss /16/ ergeben die Sonderwärmebehandlungen für den X 155 CrVMo 12 1 nicht nur deutlich höhere Stauchgrenzen als die übliche Wärmebehandlung mit niedriger Härtetemperatur und einmaligem Anlassen im Bereich von 100 - 250 °C, sondern auch eine höhere Zähigkeit des Werkstoffs. In den von Reiss durchgeführten VVFP-Fertigungssimulationsversuchen zeigten die Matrizen mit Sonderwärmebehandlung eine deutlich geringere Neigung zur Anrißbildung.

7.4 Werkstoffprüfung

Das in dieser Arbeit vorgestellte Auslegungskonzept verwendet zyklische Werkstoffkennwerte, die bisher nur vereinzelt für Werkzeugstähle ermittelt wurden. Die Prüfverfahren sind in Abschnitt 4.2 beschrieben. Allgemeine Angaben zur Werkstoffprüfung sind in /140/ angegeben.

7.4.1 Prüfverfahren

Für die höherlegierten Kalt- und Schnellarbeitsstähle mit hoher Härte und geringer Zähigkeit stellt sich die Frage, ob die üblichen Prüfverfahren durchführbar sind. In der Literatur findet sich nur ein Lebensdauerdiagramm, das von Kocanda /123/ für einen polnischen Schnellarbeitsstahl ähnlich dem AISI-Stahl M2 mit einer Härte von 61 HRC aufgenommen wurde. Über die Versuchsdurchführung liegen jedoch keine Angaben vor.

Für den bei erhöhter Prüftemperatur zäheren Warmarbeitsstahl Finkl FX (vergleichbar DIN-Stahl 1.2714) konnten zyklische Spannungs-Dehnungs-Kurven im Zug-Druck-Versuch mit einer Gesamtdehnungsamplitude von 1 % aufgenommen werden.

Schmidt /141/ diskutiert die Werkstoffprüfung der Kalt- und Schnellarbeitsstähle zur Ermittlung von quasi-statischen Kennwerten. Für Werkzeugstähle mit geringer Zähigkeit wird dabei auf den quasi-statischen Biege- und Verdrehversuch verwiesen. Diese Versuche könnten auch zur Ermittlung von zyklischen Werkstoffkennwerten eingesetzt werden.

Weitere Untersuchungen zur Ermittlung dynamischer Werkstoffkennwerte für Werkzeugwerkstoffe der Kaltmassivumformung liegen von Erben et al. vor /142/.

7.4.2 Vergleich der Spannungszustände

Bild 85 zeigt den Spannungszustand im Radius der VVFP-Matrize mit der Geometrie $2\alpha = 120\,°$ / $R = 1$ mm als Mohrschen Kreis.

Es zeigt sich, daß ein Spannungszustand eintritt, bei dem die Hauptnormalspannung σ_1 im Zugbereich liegt und einen etwas größeren Wert annimmt als die maximale Schubspannung. Von den üblichen Werkstoffprüfverfahren kommt der Torsionsversuch (Verdrehversuch) diesem Spannungszustand am nächsten; im Torsionsversuch ist $\sigma_1 = -\sigma_3 = 1/2\,\tau_{max}$.

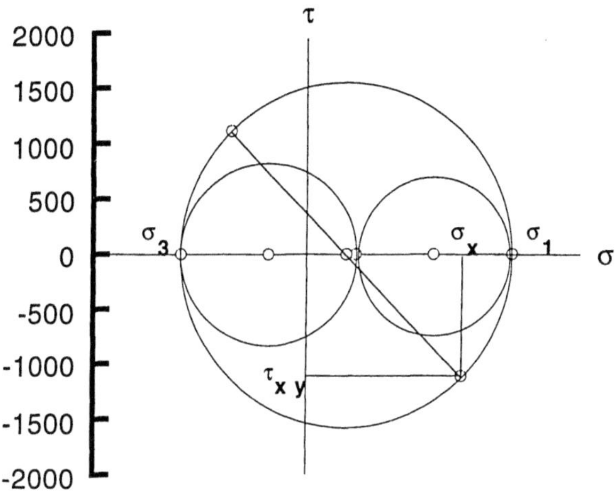

Bild 85: Spannungszustand unter maximaler Umformkraft im Radius der VVFP-Matrize mit einer Geometrie $2\alpha = 120\,°$ / $R = 1$ mm.

Unter diesem Gesichtspunkt könnte der Torsionsversuch, der bisher vornehmlich zur Ermittlung von Fließkurven duktiler Werkstoffe verwendet wurde, hinsichtlich seiner Eignung für die Ermittlung der in Abschnitt 7.3.1 und 7.3.2 genannten Kennwerte für Warm- und Kaltarbeitstähle kritisch betrachtet werden.

8 Hinweise für die Praxis

8.1 Anwendung des Auslegungskonzepts in der Praxis

Das Auslegungskonzept wurde für mehrere Versagensfälle aus der Praxis angewandt. Die Ergebnisse zeigen eine vielversprechende Möglichkeit zur Abschätzung der Standmengen während der Prozeß- und Werkzeugauslegung.

Der Aufwand damit verbundene ist aber nur sinnvoll für Werkzeugauslegungen, bei denen Ermüdungsversagen erwartet wird.

Zur Durchführung des Konzepts sind folgende Investitionen notwendig:

- Rechner mit mindestens 32 MB RAM Speicher und 2 Gigabyte Festplatte,
- ein Prozeßsimulationsprogramm für Schmiedeverfahren,
- ein statisches FE-Berechnungsprogramm mit elastischer-plastischer Werkstoffbeschreibung.

Das statische FE-Programm wird in Zukunft nicht mehr notwendig sein, da die Programmentwickler der Prozeßsimulationsprogramme inzwischen eine elastisch-plastische Beschreibung des Werkzeugswerkstoffs eingeführt haben.

8.2 Empfehlungen für die Werkzeugauslegung

Aus den in dieser Arbeit analysierten Versagenfällen lassen sich folgende Empfehlungen für die Auslegung von Werkzeugen gegen Ermüdungsversagen herleiten:

- Vermeidung einer plastischen Zone im Werkzeug unter allen Umständen; Dies kann mit mehreren Maßnahmen erreicht werden:
- Änderung der Wärmebehandlung zur Erzielung einer höheren Festigkeit, bei gleichzeitiger Beibehaltung der Zähigkeit; Sonderwärmebehandlungen können dies erzielen.
- Änderung der Werkzeugwerkstoffs;

- Abbau der Kontaktspannungsspitzen durch Änderung des Werkstoffflusses im Werkzeug. Das kann durch Änderungen an der Werkzeuggeometrie, der Rohteilgeometrie oder der Prozeßstufen erfolgen.
- Teilen des Werkzeugs an der höchstbelasteten Stelle zum Abbau der Spannungspitzen /7, 8, 64/;
- Verbesserte Auslegung der Vorspannung des Werkzeugs und Einführung einer axialen Vorspannung /7, 8, 64, 90, 93/;
- Beschichtung der Werkzeuge mit einer Hartschicht /7, 8, 65/.

Neuere Entwicklungen, die zum Teil erst noch erprobt werden müssen, sind:

- Anwendung neuer Werkzeugkonzepte, wie der bandgewickelten Armierung oder profilierter Fugenkonturen;
- Pulvermetallurgisch hergestellte Matrizen, die aus zwei unterschiedlichen Werkstofflagen bestehen. An der Kontaktfläche kann ein Werkstoff mit einer hohen Streckgrenze eingesetzt werden, der mit einem zäheren Grundmaterial armiert ist;
- Einsatz von neuen Werkzeugwerkstoffen, wie den in letzter Zeit neu erscheinenden nanostrukturierten Hartmetallen /143/, die trotz einer hohen Härte noch eine gute Zähigkeit besitzen.

Bei der Werkzeugauslegung muß der Zeitpunkt der Rißinitiierung auf jeden Fall in den Standmengenbereich verschoben werden, in dem ein Versagen des Werkzeugaktivelements durch Verschleiß zu erwarten ist.

9 Ausblick

In dieser Arbeit wurde ein Auslegungskonzept zur Standmengenabschätzung von Massivumformwerkzeugen erarbeitet und anhand mehrerer Versagensfälle überprüft. Die Durchführung des Konzepts mit den einzelnen Schritten Prozeßsimulation - Spannungsanalyse - Versagensanalyse wurde im Rahmen dieser Arbeit soweit vereinfacht, daß sich der zeitliche Aufwand für die Datenvorbereitung in einem vertretbaren Rahmen hält. Dank der beachtlichen Steigerungen in der Leistungsfähigkeit moderner Workstations, sind auch die rechenzeitaufwendigen Prozeßsimulationen in wenigen Stunden durchführbar.

Der breiteren Einführung in der Industrie stehen aber noch der Mangel an ausreichenden zyklischen Werkstoffkennwerten im Wege. In diesem Bereich sollten in den kommenden Jahren von Seiten der **Werkzeugstahlhersteller**, der **Forschungseinrichtungen**, der **nationalen und internationalen Schmiedevereinigungen**, sowie der **Schmiedebetriebe** gemeinsame Anstregungen unternommen werden, um notwendige Werkstoffkennwerte für die gebräuchlichsten Werkstoffe und deren Wärmebehandlungszustände zu bestimmen.

Als einzelne Schritte sind zu erwähnen:

- Die Brauchbarkeit der für **zähe Werkstoffe** eingesetzten Werkstoffprüfverfahren sollte zunächst zur Bestimmung der **zyklischen Kennwerte** der Kalt- und Schnellarbeitsstähle überprüft werden. Gegebenenfalls ist die Verwendung des Biege- oder Torsionsversuchs zu erwägen.

- Die Möglichkeit der vereinfachten Ermittlung des **Lebensdauerdiagramms**, wie in Abschnitt 4.2.4 dargelegt, sollte für Stähle mit unterschiedlicher Härte und Zähigkeit untersucht werden, um den Versuchsaufwand zu reduzieren.

- Eine Werkstoffkennwertesammlung, die alle für eine Spannungsanalyse und Standmengenauslegung notwendigen statischen und zyklischen Werkstoffkennwerte der gebräuchlichsten Werkzeugwerkstoffe und Wärmebehandlungszustände zusammenfaßt, sollte ähnlich dem Fließkurvenatlas /113/ zusammengestellt werden.

Die FE-Prozeßsimulation hat im vergangenen Jahrzehnt zunehmend Eingang in die Schmiedebetriebe gefunden. Dank der Kostenreduktion im Rechnerbereich werden in den kommenden Jahren auch mittelständische Schmiedebetrieb diese Technologie anwenden können. Eine wichtige Voraussetzung für die erfolgreiche Einführung und Anwendung der Prozeßsimulation ist das Vorhandensein der notwendigen Werkstoffkennwerte z.B. in Form des Fließkurvenatlas. Das volle Potential der rechnergestützten Technologien kommt aber erst zum Tragen, wenn außer dem Werkstoffflußfluß noch weitere Elemente des Systems der Umformtechnik in Betracht gezogen werden. Es müssen hierfür allerdings die notwendigen Werkstoffkennwerte verfügbar sein.

Schrifttum

/1/ Lange, K. (Hrsg.): Umformtechnik - Handbuch für Industrie u. Wissenschaft, 2. Aufl. Bd. 1 Grundlagen. Berlin Heidelberg New York: Springer 1984.

/2/ Geiger, R.: Cold Forging Technology used in the European and the Japanese Automotive Industries- A Comparison. Wire 42 (1992) 5, S. 466-470.

/3/ Geiger, R.; Hänsel, M.: Fließpreßtechnik 1990 in Europa, Anwendung, Stand der Technik, Entwicklungen. VDI Berichte Nr. 810, S. 297-336. Düsseldorf: VDI-Verlag 1990.

/4/ Womack, J.P.; Jones, D.T.; Roos, D.: The Machine that Changed the World. New York: Rawson Associates Macmillan Publishing Company 1990.

/5/ Doege, E.; Thalemann, J.; Weber, F.: Hot Forging of Precision Parts. J. Mat. Proc. Techn. 35 (1992) 3-4, S. 469-481. Elsevier 1992.

/6/ Vieregge, K.: Gesenkschmieden in Deutschland - im Zeichen des Wandels. Umformtechnik 27 (1993) 3, S. 170-174.

/7/ Geiger, R.; Woska, R.: Fließpressen, In: Handbuch der Fertigungstechnik Bd. 2/2 Umformen, Spur/Stöferle (Hrsg.). München Wien: Carl Hanser 1984.

/8/ Lange, K. (Hrsg.): Umformtechnik - Handbuch für Industrie u. Wissenschaft, 2. Aufl. Bd. 2: Massivumformung. Berlin Heidelberg New York: Springer 1984.

/9/ Lange, K.; Meyer-Nolkemper, H.: Gesenkschmieden, 2. Aufl.. Berlin Heidelberg New York: Springer 1977.

/10/ Kannappan, A.: Wear in Forging Dies. Metal Forming 36 (1969) 12 und 37 (1970) 1 , S. 335-343 und 6-21.

/11/ Lange, K.; Csér, L.; Geiger, M.; Kals, J.A.G.; Hänsel, M.: Tool Life and Tool Quality in Bulk Metal Forming. Annals of the CIRP Vol. 4/2/1992, S. 667-675.

/12/ Csér, L.; Geiger, M.; Lange, K.; Kals, J.A.G.; Hänsel, M.: Werkzeuglebensdauer und Werkzeugqualität in der Massivumformung. Umformtechnik 27 (1993) 2: Teil 1, 27 (1993) 3: Teil 2, S. 109-115 u. 192-201.

/13/ Becker, H.J.; Kiel, F.: Schadensfälle bei Werkzeugen, Ermittlung der Ursachen und Hinweise zu ihrer Vermeidung. Thyssen Edelstahl Technische Berichte 9 (1983) 2, S. 171-187. Krefeld: Thyssen Edelstahlwerke AG 1983.

/14/ Heinemeyer, D.: Untersuchungen zur Frage der Haltbarkeit von Schmiedegesenken. Diss. TU Hannover 1977.

/15/ Heinemeyer, D.: Gesenkschäden und Einflußgrößen der Standmenge. Industrieanzeiger 100 (1978) 73, S. 68-70.

/16/ Reiss, W.: Untersuchung des Werkzeugbruches beim Voll-Vorwärts-Fließpressen. Berichte aus dem Institut für Umformtechnik, Universität Stuttgart, Nr. 94 Berlin Heidelberg New York: Springer 1987.

/17/ Reiss, W.; Schröder, G.: Werkzeuglebensdauer und Werkzeugbruch in der Massivumformung. Workshop: "Werkstoff und Umformung", Berichte aus dem Institut für Umformtechnik, Universität Stuttgart, Nr. 90 , S. 152-188. Berlin Heidelberg New York: Springer 1986.

/18/ Geiger, R.: Stand und Entwicklungstendenzen beim Kalt-Fließpressen von Stahl. Werkstatt und Betrieb 118 (1985) 6, S. 321-327.

/19/ Geiger, R.: System zum Erfassen und Senken des Werkzeugverbrauchs beim Kaltmassivumformen . wt-Z. ind. Fert. 69 (1979) 12, S. 763-769.

/20/ Noack, P.: Rechnerunterstützte Arbeitplanerstellung und Kostenberechnung beim Kaltmassivumformen von Stahl. Berichte aus dem Institut für Umformtechnik, Universität Stuttgart, Nr. 48 Essen: Giradet 1979.

/21/ Aston, J.L.; Muir, A.R.: Factors Affecting the Life of Drop Forging Dies. J. Iron Steel Inst. 207 (1969) 2, S. 167-176.

/22/ Thomas, A.: Variability of Life in Drop Forging Does. Metal Forming 38 (1971) 2 , S. 41-45.

/23/ Aston, J.L.; Barry, E.A.: A Further Consideration of Factors Affecting the Life of Drop Forging Dies. J. Iron Steel Inst. 210 (1972) 7, S. 520-526.

/24/ Meyer-Nolkemper, H.: Eigenschaften von Gesenkschmiedewerkzeugen. Industrieanzeiger 106(1984)63/64, S. 37-39.

/25/ Crout, C.J.: How Die Design Effects Tool Life. CECO Engineeering Division Technical Data Sheet CED-2013 Chambersburg, Pennsylvania, U.S.A.: Chambersburg Engineering Company 1993.

/26/ Beck, G.: Über die Beanspruchung von Schmiedegesenken durch Wärme. Diss. TH Hannover 1957.

/27/ Klafs, U.: Ein Beitrag zur Bestimmung der Temperaturverteilung in Werkzeug und Werkstück beim Warmumformen. Diss. TU Hannover 1969.

/28/ v. Finkenstein, E.; Kleiner, F.J.; Steininger, V.: Aspekte zur FE-Berechnung von Werkstück- und Werkzeugtemperaturfeldern beim Gesenkschmieden. Neuere Entwicklungen in der Massivumformung, S. 227-251. Oberursel: DGM Informationsgesellschaft 1991.

/29/ Kaufhold, T.: Zum Einfluß der Temperatur auf die Eigenschaften von Gesenkoberflächen. Fortschr.-Ber. VDI-Z. Reihe 5 Nr. 81 Düsseldorf: VDI-Verlag 1984.

/30/ Doege, E.; Bobke, T.; Peters, K.: Fortschritt der Randzonenschädigung in Schmiedegesenken. Stahl u. Eisen 111 (1991) 2, S. 113-118.

/31/ Tuncer, C.; Dean, T.A.: Surface Stress Measurement Techniques in Metal Forming. Int. J. Mach. Tools Manufact. 28 (1988) 4, S. 417-428.

/32/ Rittmeier, F.: Beitrag zur Frage des mechanischen Belastungs- und Beanspruchungszustandes von Gesenken. Diss. TU Hannover 1977.

/33/ Erlmann, K.; Stute-Schlamme, W.; Marquardt, B.; Dung, N.L.; Mareczek, G.: Beanspruchung und Gestaltung von Gesenken. HFF-Bericht Nr. 6, S. 2/1-2/16. Hannoversches Forschungsinstitut für Fertigungsfragen e.V. 1980.

/34/ Wilhelm, M.; Keck, P.: FE-Methoden als Werkzeug zur Stoffflußbetrachtung in der Massivumformung. Neuere Entwicklungen in der Massivumformung, S. 16/1-16/18. Stuttgart: Forschungsges. Umformtechnik 1989.

/35/ Becker, J.R.; Douglas, J.R.; Simonen, F.A.: Effective Tooling Design for Production of Precision Forgings. Technical Report AFML-TR-72-89 Wright-Patterson Air Force Base, Ohio, U.S.A.: Air Force Materials Laboratory 1972.

/36/ Mareczek, G.; Heinemeyer, D.; Erlmann, K.: Thermische und mechanische Beanspruchung von Gesenken. wt - Z. ind. Fertig. 67 (1977) 11, S. 661-666.

/37/ Stute-Schlamme, W.: Konstruktion und thermomechanisches Verhalten rotationssymmetrischer Schmiedegesenke. Diss. Universität Hannover 1981.

/38/ Rebelo, N.; Kobayashi, S.: A Coupled Analysis of Viscoplastic Deformation and Heat Transfer I + II . Int. J. Mech. Sci. 22 (1980), S. 699-707 u. 707-711.

/39/ Wu, W.T.; Oh, S.I.: ALPIDT: A General Purpose FEM Code for Simulation of Nonisothermal Forging Processes. Proceeding of NAMRC XIII, S. 449-455. Dearborn, Michigan: Society of Manufacturing Engineers 1985.

/40/ Westerling, C.: Numerische Simulation instationärer Umformprozesse. Fortschr.-Ber. VDI Reihe 2 Nr. 118 Düsseldorf: VDI-Verlag 1986.

/41/ Hirt, G.; Altan, T.: Investigation of Die Stresses and Die Deflections in Forging of Axisymmetric Parts. Steel Research 60 (1990) 6, S. 255-262.

/42/ Rystad, H.; Boër, C.R.: Forging of an Axisymmetric Shape - Modelling of Material Flow, DIe Loads and Die Stresses using FEM. Proceedings of NUMIFORM '86, S. 283-286.

/43/ Boër, C.R.; Rebelo, N.; Rystad, H.; Schröder, G.: Process Modelling of Metal Forming and Thermomechanical Treatment. Berlin Heidelberg New York: Springer 1986.

/44/ Thomas, A.: Cracking and Fracture of Hot-Work Die Steels. Proceedings of 15th IMTDR Conf., S. 1-6. Macmillan 1974.

/45/ Støren, S.; Ebbesen, J.; Slutås, J.; Sætre, I.: Die Life Estimation in Forging. Proceedings of 15th IMTDR Conf., S. 473-478. Macmillan 1974.

/46/ Schröder, G.: Anwendung von Methoden der Bruchmechanik zur Lebensdauervorhersage bei Umformwerkzeugen. Seminar: "Neuere Entwicklungen in der Massivumformung", S. 13/1-13/18. Stuttgart: Forschungsges. Umformtechnik mbH 1983.

/47/ Schröder, G.: Methoden der Bruchmechanik zur Lebensdauervorhersage bei Umformwerkzeugen. wt - Z. ind. Fert. 74 (1984), S. 207-210.

/48/ Rich, T.; Orbison, J.: Analysis of Two Metal-Forming Die Failures. ASTM STP 918: Case Histories involving Fatigue and Fracture Mechanics, S. 311-335. Philadelphia: American Society for Testing and Materials 1986.

/49/ Wang, A.C.; Pien, S.J.; Ripepi, M.A.; Hunter, D.E.: Estimation of Forming Tool Stress and Life. ASME PED 45 (1990), S. 219-225.

/50/ Rong, H.; Tsuda, O.; Nakao, M.: Creep Life Prediction of Isothermal Forging Dies. Proceedings of 1992 ASME Summer Meeting.

/51/ Witte, H.D.: Untersuchungen über die Streuung der Kräfte und Arbeiten beim Fließpressen in der laufenden Fertigung und den Einfluß der Phosphatschichtdicke und des Schmiermittels. Berichte aus dem Institut für Umformtechnik, Universität Stuttgart, Nr. 6 Essen: Giradet 1967.

/52/ Kato, T.; Nakanishi, K.; Tozawa, Y.: Thermal Analysis for Repeated Cold Upsetting Process. Journal of JSTP 28 (1987) 321, S. 1021-1027.

/53/ Kato, T.; Nakanishi, K.; Tozawa, Y.: Thermal Analysis of Backward Cold Extrusion. Journal of JSTP 28 (1987) 323, S. 1239-1244.

/54/ Kato, T.; Kawabe T.: Thermal Analysis for Repeated Backward Cold Extrusion. Journal of JSTP 29 (1988) 327, S. 383-389.

/55/ Kato, T.; Nakanishi, K.: Thermal Analysis for Forward- Backward Cold Extrusion. Journal of JSTP 29 (1988) 330, S. 718-724.

/56/ Kato , T.; Kawabe, T.: Numerical Simulation of Process Dynamics of Repeating Cold Backward Can Extrusion considering Tepmerature Changes in the Punch and Die. Journal of JSTP 31 (1990) 356.

/57/ Leykamm, H.: Beitrag zur Arbeitsgenauigkeit des Kaltmassivumformens. Berichte aus dem Institut für Umformtechnik, Universität Stuttgart, Nr. 57 Berlin Heidelberg New York: Springer 1980.

/58/ Kling, E.: Aufweitung von Fließpreßmatrizen mit überlagerter thermischer und mechanischer Beanspruchung. Berichte aus dem Institut für Umformtechnik, Universität Stuttgart, Nr. 81 Berlin Heidelberg New York: Springer 1985.

/59/ Lange, K.: Handbook of Metal Forming. New York: McGraw-Hill 1985.

/60/ Krämer, G.: Beitrag zur beanspruchungsgerechten Auslegung von rotationssymmetrischen Fließpreßmatrizen. Berichte aus dem Institut für Umformtechnik, Universität Stuttgart, Nr. 49 Essen: Giradet 1979.

/61/ Matsubara, S.; Kudo, H.: Determination of Pressure Distribution over Tool Surfaces in Cold Forging with a Simple Sensor. Annals of the CIRP Vol. 25/1/1977, S. 95-100.

/62/ Hoang-Vu, K.: Möglichkeiten und Grenzen des Kaltgesenkschmiedens als eine fertigungstechnische Alternative für kleine, genaue Formteile. Berichte aus dem Institut für Umformtechnik, Universität Stuttgart, Nr. 65 Berlin Heidelberg New York: Springer 1982.

/63/ Voelkner, W.; Leopold, J.: Computer-Aided Engineering in Bulk Metal Forming - Selected Examples. Proc. 2nd Int. Conf. Techn. Plast. Berlin Heidelberg New York: Springer 1987.

/64/ Vu, T.C.: Beanspruchungsgerechte Auslegung von Fließpreßwerkzeugen mit numerischen Berechnungsmethoden. Berichte aus dem Institut für Umformtechnik, Universität Stuttgart, Nr. 91 Berlin Heidelberg New York: Springer 1986.

/65/ Hettig, A.: Einflußgrößen auf den Werkzeugbruch beim Voll-Vorwärts-Fließpressen. Berichte aus dem Institut für Umformtechnik, Universität Stuttgart, Nr. 106 Berlin Heidelberg New York: Springer 1990.

/66/ Hänsel, M.: Simulation des Bruchverhaltens von Umformwerkzeugen. Bericht 5 aus der Reihe "Prozeßsimulation in der Umformtechnik" Berlin Heidelberg New York: Springer 1993.

/67/ Lange, K.; Szentmihályi, V.: FE-Prozeßsimulation als Beitrag zur Optimierung von Werkzeugen zum Kalt-Querfließpressen schrägverzahnter Stirnräder. Seminarband: Neuere Entwicklungen in der Massivumformung, S. 343-364. Oberursel: DGM Verlag 1993.

/68/ VDI-Richtlinie 3176: Vorgespannte Preßwerkzeuge für das Kaltumformen. Düsseldorf: VDI-Verlag 1986.

/69/ Neitzert, T.: Auslegung von rotationssymmetrischen Fließpreßwerkzeugen im Bereich elastisch-plastischen Werkstoffverhaltens. Berichte aus dem Institut für Umformtechnik, Universität Stuttgart, Nr. 63 Berlin Heidelberg New York: Springer 1982.

/70/ I.C.F.G. Document No.5/82: Calculation Methods for Cold Forging Tools. Reprint in I•C•F•G International Cold Forging Group 1967-1992: Objectives, History, Published Documents, S. 59-72. Bamberg: Meisenbach 1992.

/71/ Geiger, M.: Leistungsfähigkeit der Finite-Elemente-Methode bei der Auslegung von Fließpreßmatrizen. Umformtechnik '84 - Festschrift zum 65. Geburtstag von Professor Dr.-Ing. K. Lange, S. 211-229. Stuttgart: Verein der ehemaligen Mitarbeiter des Instituts für Umformtechnik der Universität Stuttgart 1984.

/72/ Vu, T.C.; Hoffmann, K.: Werkzeugberechnung von Matrizen und Stempeln nicht einfacher Geometrie mit Hilfe numerischer Methoden. Seminar: "Neuere Entwicklungen in der Massivumformung", S. 9/1 - 9/30. Stuttgart: Forschungsges. Umformtechnik mbH 1987.

/73/ Hoffmann, K.-F.: Aufweitungsverhalten von Fließpreßmatrizen mit nichtrotationssymmetrischer Innenform. Berichte aus dem Institut für Umformtechnik, Universität Stuttgart, Nr. 112 Berlin Heidelberg New York: Springer 1991.

/74/ Schmieder, F,: Beitrag zur Fertigung von schrägverzahnten Stirnrädern durch Querfließpressen. Berichte aus dem Institut für Umformtechnik der Universität Stuttgart Nr. 118 Berlin Heidelberg New York: Springer 1992.

/75/ Takahashi, S.; Brebbia, C.A.: Forging Die Stress Analysis using Boundary Element Method. Advanced Technology of Plasticity 1990, Vol. 1, S. 203-210.

/76/ Voelkner, W.; Jähne, V.: Berechnung von Werkzeug- und Werkstückdeformation beim translatorischen Massivumformen. Informationen der Technischen Universität Dresden, Sektion Fertigungstechnik und Werkzeugmaschinen 14-14-79 Dresden: Technische Universität Dresden 1979.

/77/ Grønbæk, J.: Bandgewickelte Armierungen von Fließpreßmatrizen. Seminarband: Neuere Entwicklungen in der Massivumformung, S. 115-128. Oberursel: DGM Verlag 1993.

/78/ Hänsel, M.: Beitrag zur Simulation der Oberflächenermüdung von Umformwerkzeugen. Bericht 6 aus der Reihe "Prozeßsimulation in der Umformtechnik" Berlin Heidelberg New York: Springer 1993.

/79/ Csér, L.; Geiger, M.: A Generalized Life-Time Model for Cold Extrusion Tools. Annals of the CIRP Vol. 40/1/1991, S. 299-301.

/80/ Kobayashi, S.; Oh, S.I.; Altan, T.: Metal Forming and the Finite Element Method. New York Oxford: Oxford University Press 1989.

/81/ Roll, K.; Tekkaya, A.E.: Prozeßsimulation in der Umformtechnik mit der Methode der Finiten Elemente - Stand und Entwicklungstendenzen. Umformtechnik '84 - Festschrift zum 65. Geburtstag von Professor Dr.-Ing. K. Lange, S. 31-61. Stuttgart: Verein der ehemaligen Mitarbeiter des Instituts für Umformtechnik der Universität Stuttgart 1984.

/82/ Kobayashi, S.: A Review on the FInite-Element Method and Metal Forming Process Modeling. J. Applied Metalworking 2 (1982) 3, S. 163-169.

/83/ Kobayashi, S.: Metalworking Process Modeling and the Finite Element Method. 1981 Manufacturing Engineering Transactions, S. 16-21. Dearborn, Michigan: Society of Manufacturing Engineers 1981.

/84/ Oh, S.I.; Wu, W.T.; Tang, J.P.; Vedhanayagam, A.: Capabilities and Applications of FEM Code Deform: The Perspective of the Developer. J. Mat. Proc. Techn. 27 (1991) 1-3, S. 25-42. Elsevier 1991.

/85/ Scientic Forming Technologies Corporation: DEFORM System Users' Manual, Primer Version 2.0 . Columbus, OH, U.S.A.

/86/ Knoerr, M.; Rentsch, C.; Altan, T.: Application of I-DEAS in CAE of Forging Dies. 1991 ICCON Users' Conference Proceedings, Cincinnati, OH, May 1991 , S. 115-126. Cincinnati, OH, U.S.A.: Structural Dynamics Research Corporation 1991.

/87/ Knörr, M.; Altan, T.: Anwendung des FE-Programms DEFORM in der Massivumformung . Neuere Entwicklungen in der Massivumformung Oberursel: DGM Informationsgesellschaft 1991.

/88/ Sobis, T.; Engel, U.; Geiger, M.: Transfer of Contact Conditions for Failure Analysis of Metal Forming Tools. Numerical Methods in Industrial Forming Processes, S. 663-668. Rotterdam: Balkema 1992.

/89/ Rasche, K.: Warmarbeitsstähle für das Gesenkschmieden. Thyssen Edelstahl Technische Berichte 3 (1977) 2, S. 111-118. Krefeld: Thyssen Edelstahlwerke AG 1977.

/90/ I.C.F.G. Document No. 4/82: General Aspects of Tool Design and Tool Materials for Cold and Warm Forging. Reprint in I•C•F•G International Cold Forging Group 1967-1992: Objectives, History, Published Documents, S. 33-58. Bamberg: Meisenbach 1992.

/91/ Biermann, R.: Werkzeugstähle für Kaltarbeit. Thyssen Edelstahl Technische Berichte 9 (1983) 2, S. 129-139. Krefeld: Thyssen Edelstahlwerke AG 1983.

/92/ Grønbæk, J.: Stripwound Cold Forging Tools - A Technical and Economical Alternative. VDI Berichte Nr. 810, S. 139-151. Düsseldorf: VDI-Verlag 1990.

/93/ Danfoss: Informationsblätter NC.11.A1.03, NC.13.A1.02, NA.12.D2.02, NA.12.E1.02 und NA.12.F1.02. Danfoss A/S Strecon® Technology .

/94/ Collins, J.A.: Failure of Materials in Mechanical Design. New York: John Wiley & Sons 1993.

/95/ Dieter, G.E.: Mechanical Metallurgy. New York: McGraw-Hill 1986.

/96/ Hertzberg, R.W.: Deformation and Fracture Mechanics of Engineering Materials. New York: John Wiley & Sons 1989.

/97/ Barsom, J.M.; Rolfe, S.T.: Fracture and Fatigue Control in Structures. Englewood Cliffs, N.J.: Prentice-Hall 1987.

/98/ ASTM Standard E606-80: Standard Recommended Practice for Constant-Amplitude Low-Cycle Fatigue Testing. 1990 Annual Book of ASTM Standards, Section 3 Metals Test Methods and Analytical Procedures, Vol. 3.01, S. 603-615. Philadelphia, P.A.: American Society for Testing and Materials 1990.

/99/ Mowbray, D.F.; McConnelee, J.E.: Cyclic Stress-Strain Behavior-Analysis, Experimentation and Failure Prediction. in: ASTM STP 519, S. 151-169. Philadelphia, P.A.: American Society for Testing and Materials 1973.

/100/ Dowling, N.E.: A Discussion of Methods for Estimating Fatigue Life. Proceedings of the SAE Fatigue Conference P-109, S. 161-174. Warrendale, P.A.: Society of Automotive Engineers 1982.

/101/ LaPointe, N.R.: Monotonic and Fatigue Charakterizations of Metals. Proceedings of the SAE Fatigue Conference P-109, S. 23-37. Warrendale, P.A.: Society of Automotive Engineers 1982.

/102/ Dowling, N.E.: Fatigue at Notches and the Local Strain and Fracture Mechanics Approaches. in: Fracture Mechanics, ASTM STP 677, S. 247-273. Philadelphia, P.A.: American Society for Testing and Materials 1979.

/103/ Socie, D.F.; Dowling, N.E.; Kurath, P.: Fatigue Life Estimation of Notched Members. in: Fracture Mechanics: Fifteenth Symposium. ASTM STP 833, S. 284-299. Philadelphia, P.A.: American Society for Testing and Materials 1982.

/104/ Landgraf, R.W.: Fundamentals of Fatigue Analysis. Proceedings of the SAE Fatigue Conference P-109, S. 11-16. Warrendale, P.A.: Society of Automotive Engineers 1982.

/105/ Dowling, N.E.: Notched Member Fatigue Life Predictions combining Crack Initiation and Propagation. Fatigue of Engineering Materials and Structures 2 (1979), S. 129-138.

/106/ SAE: Fatigue Design Handbook AE-10. Warrendale, P.A.: Society of Automotive Engineers 1988.

/107/ Landgraf, R.W.; Morrow, J.D.; Endo, T.: Determination of the Cycle Stress-Strain Curve. J. Materials 4 (1969) 1, S. 176-188.

/108/ Schmitt-Thomas, K.; Siede, R.: Technik und Methodik der Schadensanalyse. Düsseldorf: VDI-Verlag 1989.

/109/ Krempl, E.: The Influence of State of Stress on Low-Cycle Fatigue of Structural Materials: A Literature Survey and Interpretive Report. ASTM STP 549 Philadelphia, P.A.: American Society for Testing and Materials 1974.

/110/ Brown, M.W.; Miller, K.J.: Two Decades of Progress in the Assessment of Multiaxial Low-Cycle Fatigue Life. in: Low-Cycle Fatigue and Life Prediction, ASTM STP 770, S. 482-499. Philadelphia, P.A.: American Society for Testing and Materials 1982.

/111/ Leese, G.E.: Engineering Significance of Recent Multiaxial Fatigue. in: Low Cycle Fatigue, ASTM STP 942, S. 861-873. Philadelphia, P.A.: American Society for Testing and Materials 1988.

/112/ Fash, J.W.; Socie, D.F.; McDowell, D.L.: Fatigue Life Estimates for a Simple Notched Component Under Biaxial Loading. in: Multiaxial Fatigue, ASTM STP 853, S. 497-513. Philadelphia, P.A.: American Society for Testing and Materials 1985.

/113/ Doege, E.; Meyer-Nolkemper, H.; Saeed, I.: Fließkurvenatlas metallischer Werkstoffe. München Wien: Carl Hanser 1986.

/114/ Wegst, C.W.: Stahlschlüssel. Verlag Stahlschlüssel 1992.

/115/ ASM: Metal Reference Book, 2nd Edition. Metals Park, Ohio, U.S.A.: American Society for Metals 1983.

/116/ Moriguchi, I.: Cold Forging of Gears and other Complex Shapes. J. Mat. Proc. Techn. 35 (1992) 3-4, S. 75-93. Elsevier 1992.

/117/ Meidert, M.; Knoerr, M.; Westphal, K.; Altan, T.: Numerical and Physical Modelling of Cold Forging of Bevel Gears. J. Mat. Proc. Techn. 33 (1992) 1-2, S. 439-450. Elsevier 1992.

/118/ VDI-Richtlinie 3186 Blatt 1: Werkzeuge für das Kaltfließpressen von Stahl. Aufbau, Werkstoffe. Düsseldorf: VDI-Verlag 1971.

/119/ Hettig, A.: Ermüdungsverhalten von Fließpreßmatrizen aus Stahl. VDI Berichte Nr. 810, S. 165-174. Düsseldorf: VDI-Verlag 1990.

/120/ Danfoss: STRECON Opti-Fit, Informationsblatt NC.12.A1.03. Danfoss A/S Strecon® Technology 1993.

/121/ Nagao, Y.; Knoerr, M.; Altan, T.: A Systematic Approach to Improve Tool Life for Cold Forging of CV-Joint Components. ERC/NSM Report B-94 Columbus, Ohio, U.S.A.: Engineering Research Center for Net Shape Manufacturing, The Ohio State University 1994.

/122/ Nagao, Y.; Knoerr, M.; Altan, T.: Improvements of Tool Life in Cold Forging of Complex Automotive Parts. J. Mat. Proc. Techn. 46 (1994), S. 57 - 71. Elsevier 1994.

/123/ Kocanda, A.: Die Steel for Warm Working - An Evaluation of Resistance to Cyclic Loading . Advanced Technology of Plasticity 1990, Vol. 1, S. 349-354.

/124/ Kocanda, A.: On the Problem of Optimum Temperature of Warm Working Die. Annals of the CIRP Vol. 39/1/1990, S. 295-297.

/125/ Ebara, R.; Kubota, K.: Failure Analysis of Hot Forging Dies. in: Steel Forgings, ASTM STP 903, S. 583-592. Philadelphia, P.A.: American Society for Testing and Materials 1986.

/126/ Ebara, R.; Yamada, Y.; Yamada, T.; Kubota, K.: Fractography of the High-Temperature Fracture Surface of Hot-Forging Die Steel. J. Current Japanese Materials Research 6 (1990) Elsevier 1990.

/127/ Szentmihályi, V.: Beitrag der Prozeßsimulation zur Entwicklung komplexer Umformteile. Berichte aus dem Institut für Umformtechnik, Universität Stuttgart, Nr. 121 Berlin Heidelberg New York: Springer 1993.

/128/ Roberts, G.A.; Cary, R.A.: Tool Steels. 4th Ed.. Metals Park, Ohio, U.S.A.: American Society for Metals 1980.

/129/ Carpenter Technology Corporation: Alloy Data. Tool and Die Steels, 3-93/4M.

/130/ A. Finkl & Sons Co.: Hot Work Die Steel Data Sheets.

/131/ Uddeholm: Datenblätter for Toughtem and QRO 90 Supreme.

/132/ Walter Somers Limited (USA): Selection of Die Steels for Forging Applications. Special publication for Forge Fair 1988.

/133/ Schruff, I.: Zusammenstellung der Eigenschaften und Werkstoffkenngrößen der Warmarbeitsstähle X38CrMoV51, X40CrMoV51, X32CrMoV33 und X38CrMoV53. Thyssen Edelstahl Technische Berichte 15 (1989) 2, S. 70-81. Krefeld: Thyssen Edelstahlwerke AG 1989.

/134/ Haberling, E.; Rasche, K.: Technologische Eigenschaften vergütbarer Warmarbeitstähle. Thyssen Edelstahl Technische Berichte 9 (1983) 2, S. 111-123. Krefeld: Thyssen Edelstahlwerke AG 1983.

/135/ Haberling, E.: Zeitstand- und Dauerfestigkeit von Warmarbeitsstählen bei erhöhten Temperaturen. Thyssen Edelstahl Technische Berichte 3 (1977) 2, S. 125-129. Krefeld: Thyssen Edelstahlwerke AG 1977.

/136/ Kleiner, F.J.; Zicke, G.; Melching, R.; Stute-Schlamme, W.: Temperaturführung von Schmiedegesenken. HFF-Bericht Nr. 6, S. 3/1-3/15. Hannoversches Forschungsinstitut für Fertigungsfragen e.V. 1980.

/136/ Josling, J.K.: Selection of Die Steels for Forging Applications. Metallurgia, March 1989, S. 106-114.

/137/ Gümpel, P.; Weigand, H.H.: Untersuchungen zum Einfluß der Wärmebehandlung auf einige Eigenschaften des Kaltarbeitsstahles X155CrVMo 12 1 (Thyrodur 2379). Thyssen Edelstahl Technische Berichte 9 (1983) 2, S. 140-147. Krefeld: Thyssen Edelstahlwerke AG 1983.

/138/ Haberling, E.; Schruff, I.: Zusammenstellung der Eigenschaften und Werkstoffkenngrößen des Schnellarbeitsstahles S 6-5-2 (Thyrapid 3343). Thyssen Edelstahl Technische Berichte 11 (1985) 2 Krefeld: Thyssen Edelstahlwerke AG 1985.

/139/ Eversberg, K.R.: Verschleißschutzschichten auf Werkzeugen für die Kaltmassivumformung. Neuere Entwicklungen in der Massivumformung, S. 129-152. Oberursel: DGM Informationsgesellschaft 1993.

/140/ Pöhlandt, K.: Werkstoffprüfung in der Umformtechnik. Berlin Heidelberg New York: Springer 1986.

/141/ Schmidt, W.: Beurteilung der mechanischen Eigenschaften von Werkzeugstählen. Thyssen Edelstahl Technische Berichte 11 (1985) 2, S. 169-182. Krefeld: Thyssen Edelstahlwerke AG 1985.

/142/ Erben, K.; Goldhan, K.-D.; Voelkner, W.: Dynamische Kennwerte für Werkzeugstoffe der Kaltmassivumformung. Informationen der Technischen Universität Dresden, Sektion Fertigungstechnik und Werkzeugmaschinen, 14-57-77. Dresden: Technische Universität Dresden 1977.

/143/ Martin, G.: Nanotechnik erzeugt neue Werkstoffe für neue Anwendungen. VDI nachrichten 47 (1993) 44, S. 6.

/144/ Lange, K.: Abschlußkolloquium des PSU-Projekts am 31. März 1993. Bericht Nr. 4 d. Projektgruppe Prozeßsimulation in der Umformtechnik. Berlin, Heidelberg, New York, usw.: Springer 1993.

/145/ Hermann, M.; Geiger, M.: Extended Capabilities in Metal Forming Procresses by a New Interdisciplinary FEM Code. Annals of the CIRP Vol. 43/1/1994.

Anhang

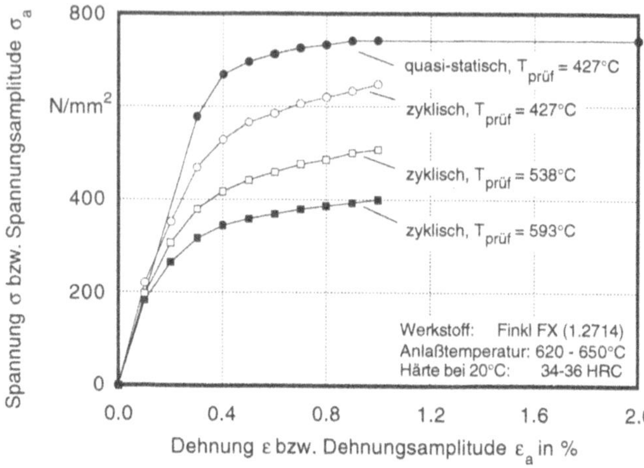

Bild A1: Statische und zyklische Spannungs-Dehnungs-Kurven für den amerikanischen Markenwarmarbeitsstahl Finkl FX (vergleichbar mit dem DIN Stahl 1.2724).

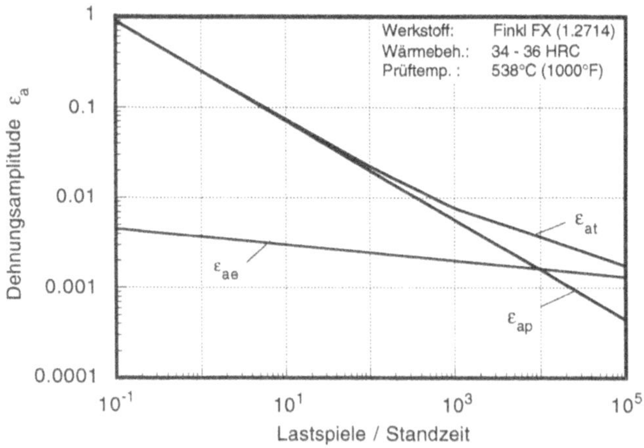

Bild A2: Statische und zyklische Spannungs-Dehnungs-Kurven für den amerikanischen Markenwarmarbeitsstahl Finkl FX (vergleichbar mit dem DIN Stahl 1.2724).

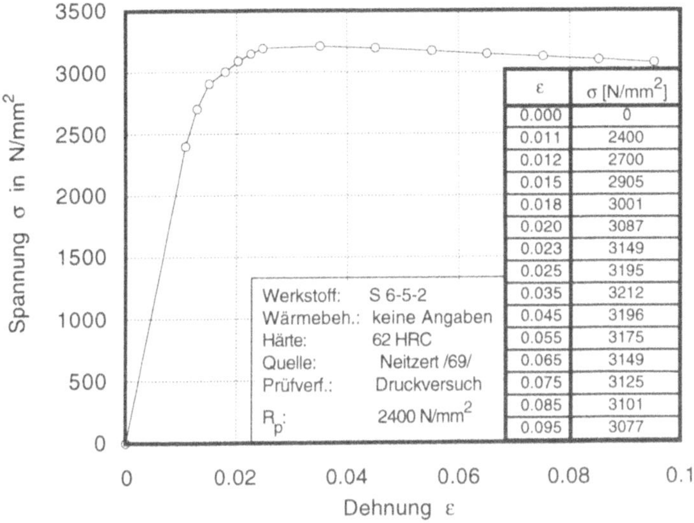

ε	σ [N/mm²]
0.000	0
0.011	2400
0.012	2700
0.015	2905
0.018	3001
0.020	3087
0.023	3149
0.025	3195
0.035	3212
0.045	3196
0.055	3175
0.065	3149
0.075	3125
0.085	3101
0.095	3077

Bild A3: Spannungs-Dehnungs-Kurve für den Schnellarbeitsstahl S 6-5-2 (nach Neitzert /69/).

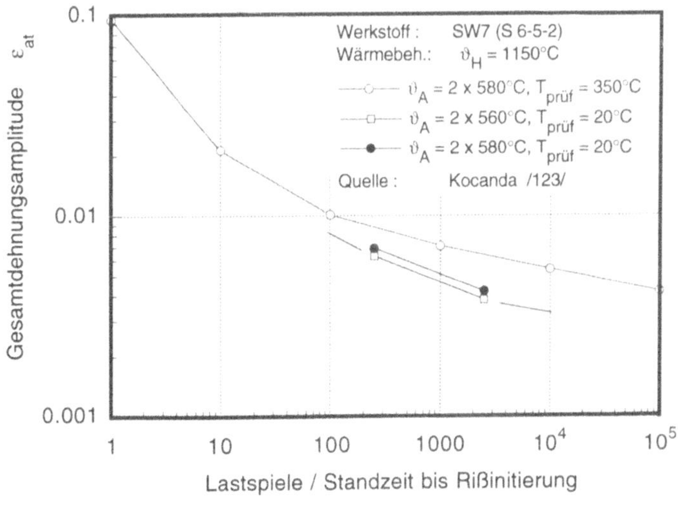

Bild A4: Lebensdauerdiagramm für den polnischen Schnellarbeitsstahl SW7, vergleichbar mit dem DIN Stahl S 6-5-2 (nach Kocanda /123/).

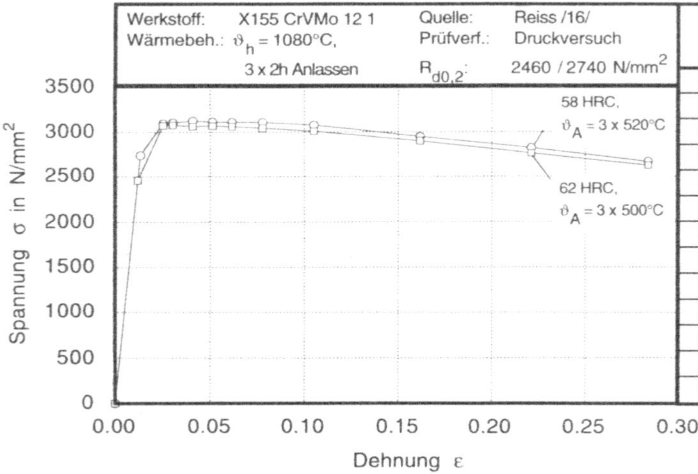

ε	σ (58 HRC)	σ (62 HRC)
0.000	0	0
0.012	-	2460
0.013	2740	-
0.025	3097	3072
0.030	3105	3076
0.041	3123	3065
0.051	3115	3068
0.062	3108	3061
0.078	3108	3043
0.105	3076	3009
0.162	2948	2901
0.221	2825	2763
0.284	2667	2625

Bild A5: Spannungs-Dehnungs-Kurve für den Kaltarbeitsstahl X 155 CrVMo 12 1 (nach Reiss /16/).

Gruppe		DIN	Werk.st. Nr.	AISI	AISI category and type	Härte [HRC]	0.2% Druckfließgrenze Härte : N/mm2 VDI 3186 (ICFG 4/70)	Druckfließgrenze Härte : N/mm2 IfU, Uni Stuttgart	Druckfließgrenze Härte : N/mm2 Thyssen	Druckfließgrenze Härte : N/mm2 Carpenter Tech	Druckfließgrenze Härte: N/mm2 Eversberg, VST
Werkzeugstahl (Wasserhärter)	niedriglegiert	C105W1	1.1545	W1	Water-hardening tool steels - W	≈ 60	Schalenhärter				
		100V1	1.2833	W2		60 -64	Schalenhärter				
Kaltarbeitsstahl	mittel- und hochlegiert	X100CrMoV 5 1	1.2363	A2	Cold Work Tool Steel - A (Medium alloy air-	58 - 62	58 HRC: 1650 60 HRC: 1950 62 HRC: 2150				
		100MnCrW 4	1.2510	O1	O (Oil-hardening)	58 - 62	58 HRC: 1650 60 HRC: 1950 62 HRC: 2150				
		45WCrV 7	1.2542	S1	Shock-resisting tool steel - S	56 - 58	56 HRC: 1550 58 HRC: 1650				
		X45NiCrMo 4	1.2767	ASM 6F7	ASM: Low alloy tool steel	≈ 55					
		55NiCr 10	1.2718	-		≈ 55					
	ledeburitischer 12%-iger Chromstahl	X155CrVMo 12 1	1.2379	D2	Cold Work Tool Steel - D (high-carbon high-chromium)	58 - 62	58 HRC: 1650 60 HRC: 1950 62 HRC: 2150	56 HRC: 2650 58 HRC: 2740 62 HRC: 2460 (Sonderwärmebeh. nach Reiss)	58 HRC: 2200* 60 HRC: 2400 62 HRC: 2550 (0,2% Stauch-grenze)	*auch Sonderwärmebeh.	60-62 HRC: 2400
		X210Cr 12	1.2080	D3		58 - 62	wie 1.2379 (D2)				
Warmarbeitsstahl	mittellegiert	55NiCrMoV 6	1.2713	ASM 6F2	ASM: Low alloy tool steel	≈ 45					
	hochlegiert	X40CrMoV 5 1	1.2344	H13	Hot work tool steels - H (H1- H19 chromium based)	45 - 56	46 HRC: 1100 50 HRC: 1300 54 HRC: 1500	42 HRC: 1160 50 HRC: 1456 (Neitzert)			
		X32CrMoV 3 3	1.2365	H10		≈ 45					
		X40CrMoV 5 3	1.2367	-		45 - 55					
		X45CoCrMoV 5 5 3	1.2889	H19		45 - 55					
Schnellarbeitsstahl	schmelz- und pulver-metallurgisch erzeugt	S 6-5-2	1.3343	M2	High speed tool steels - M (molybdenum based)	58 - 64	62 HRC: 2150 63 HRC: 2250 64 HRC: 2350	62 HRC: 2700 (Neitzert)	58 HRC: 2600 62 HRC: 3000 64 HRC: 3100 (0,1% Stauch-grenze)	60 HRC: 3000 62 HRC: 3150 64 HRC: 3300	61-64 HRC: 3000
		S 6-5-3	1.3344	M3/2		63 - 65					62-65 HRC: 3200 (PM-Qualität)
				M4		63 - 65					61-63 HRC: 3000 (PM-Qualität)
		S 2-10-1-8	1.3247	M42		63 - 65					63-65 HRC: 3200
		S 12-1-4-5	1.3202	T15	T (tungsten based)	63 - 65					
		S 10-4-3-10	1.3207	T42		63 - 65					63-65 HRC: 3400

Tabelle 5: Sammlung von in der Literatur veröffentlichten Druckfließgrenzen gebräuchlicher Werkzeugstähle für die Kaltmassivumformung

Berichte aus dem Institut für Umformtechnik der Universität Stuttgart

Herausgeber: Professor em. Dr.-Ing. Dr. h.c. Kurt Lange

1 **Untersuchung über den Einfluß der Belastungszeit auf die Streuung der Rückfederung von Biegeteilen**
Von Dipl.-Ing. Klaus Tafel. 70 Seiten Text u. 64 Seiten mit 49 Bildern u. 15 Tafeln. Vergriffen

2/3 **Untersuchungen über das freie Napfen**
Von Dipl.-Ing. Gerhard Schmitt und Dipl.-Ing. Dieter Schmoeckel.
Untersuchungen über den Kraft- und Arbeitsbedarf sowie den Umformwirkungsgrad beim Vorwärts-Vollfließpressen von Stahl
Von Dipl.-Ing. Dieter Kast. 40 Seiten Text u. 43 Seiten mit 47 Bildern u. 5 Tafeln. 28,— DM

4 **Untersuchungen über die Werkzeuggestaltung beim Vorwärts-Hohlfließpressen von Stahl und Nichteisenmetallen**
Von Dipl.-Ing. Dieter Schmoeckel. 72 Seiten Text u. 117 Seiten mit 179 Bildern. 39,— DM

5 **Untersuchungen über das Stauchen und Zapfenpressen**
Von Dipl.-Ing. Marten Burgdorf. 126 Seiten Text u. 58 Seiten mit 138 Bildern u. 4 Tafeln. 55,— DM

6 **Untersuchungen über die Streuung der Kräfte und Arbeiten beim Fließpressen in der laufenden Fertigung und den Einfluß der Phosphatschichtdicke und des Schmiermittels**
Von Dipl.-Ing. Hans-Dietrich Witte. 38 Seiten Text u. 48 Seiten mit 49 Bildern. 30,— DM

7 **Untersuchungen über das Rückwärts-Napffließpressen von Stahl bei Raumtemperatur**
Von Dipl.-Ing. Gerhard Schmitt. 132 Seiten Text u. 93 Seiten mit 130 Bildern u. 5 Tafeln 34,— DM

8 **Die Abbildegenauigkeit beim Biegen im 90°-V-Gesenk und ihre Beeinflussung durch Nachdrücken im Gesenk**
Von Dipl.-Ing. Eckart Dannenmann. 50 Seiten Text u. 31 Seiten mit 28 Bildern u. 1 Tafel Vergriffen

9 **Untersuchungen über den Zusammenhang zwischen Vickershärte und Vergleichsformänderung bei Kaltumformvorgängen**
Von Dipl.-Ing. Hans Wilhelm. 50 Seiten Text u. 35 Seiten mit 37 Bildern u. 2 Tafeln. Vergriffen

10 **Untersuchungen über das Abstreckziehen von zylindrischen Hohlkörpern bei Raumtemperatur**
Von Dipl.-Ing. Rolf K. Busch. 86 Seiten Text u. 92 Seiten mit 97 Bildern. Vergriffen

11 **Vorgänge beim elektromagnetischen und elektrohydraulischen Umformen von metallischen Werkstücken**
Von Dipl.-Ing. Herbert Muller. 90 Seiten Text u. 110 Seiten mit 93 Bildern u. 10 Tafeln. 22,— DM

12 **Ein Verfahren zur näherungsweisen Berechnung des Spannungs- und Formänderungszustandes beim Fließen starrplastischer Werkstoffe**
Von Dipl.-Ing. Gerhard Adler. 124 Seiten Text u. 76 Seiten mit 72 Bildern. Vergriffen

13 **Modellgesetzmäßigkeiten beim Rückwärtsfließpressen geometrisch ähnlicher Näpfe**
Von Dipl.-Ing. Dieter Kast. 101 Seiten Text u. 73 Seiten mit 60 Bildern u. 6 Tafeln. Vergriffen

14 **Untersuchungen über das Genauschneiden von Stahl und Nichteisenmetallen**
Von Dipl.-Ing. Wilfried Kramer. 96 Seiten Text u. 132 Seiten mit 128 Bildern u. 10 Tafeln. Vergriffen

15 **Entwicklung und Erprobung eines Simulators zur reproduzierbaren Nachahmung der Kraft-Weg-Verläufe von Umformvorgängen**
Von Dipl.-Ing. Kurt Schmid. 88 Seiten Text u. 38 Seiten mit 35 Bildern u. 2 Tafeln. 17,— DM

16 **Walzrichten von Metallbändern mit symmetrisch angestellter Fünf-Walzen-Richtmaschine**
Von Dipl.-Ing. Hans-Dietrich Witte. 108 Seiten Text u. 63 Seiten mit 60 Bildern u. 8 Tafeln 22,— DM

17/18 **Erzeugung räumlicher Blechgebilde mittels Flächenbiegung**
Konstruktion, Abwicklung und Herstellung von Schraubtorsen aus Blech
Von Prof. Dr.-Ing. E. h. Dr. techn. h. c. Otto Kienzle.
120 Seiten Text u. 55 Seiten mit 86 Bildern u. 3 Tafeln. 22,— DM

19 **Einfluß der Alterung auf die mechanischen Eigenschaften von Stählen zum Kaltfließpressen**
Von Dipl.-Ing. Vladimir Hasek, CSc. 43 Seiten Text u. 54 Seiten mit 50 Bildern u. 3 Tafeln 16,— DM

20 **Beitrag zur Frage der Spannungen, Formänderungen und Temperaturen beim axialsymmetrischen Strangpressen**
Von Dipl.-Ing. Rolf Dalheimer. 118 Seiten Text u. 76 Seiten mit 79 Bildern u. 3 Tafeln Vergriffen

21 **Über den Einfluß der Werkzeuggeschwindigkeit auf den Stauchvorgang**
Von Dipl.-Ing. H.-J. Metzler. 127 Seiten Text u. 100 Seiten mit 94 Bildern u. 6 Tafeln. 25,— DM

22 **Numerische Behandlung von Verfahren der Umformtechnik**
Von Dr.-Ing. Elmar Steck. 67 Seiten Text u. 22 Seiten mit 43 Bildern. 16,— DM

23 **Ein Verfahren zur näherungsweisen Berechnung der Wärmeentwicklung und der Temperaturverteilung beim Kaltstauchen von Metallen**
Von Dipl.-Ing. Walther Pohl. 78 Seiten Text u. 51 Seiten mit 61 Bildern u. 4 Tafeln. 21,— DM

24 **Untersuchungen über das Drückwalzen zylindrischer Hohlkörper und Beitrag zur Berechnung der gedrückten Fläche und der Kräfte**
Von Dipl.-Ing. Hans-Jurgen Dreikandt. 161 Seiten Text u. 79 Seiten mit 73 Bildern u. 6 Tafeln. Vergriffen

25 **Über den Formänderungs- und Spannungszustand beim Ziehen von großen unregelmäßigen Blechteilen**
Von Dipl.-Ing. Vladimir Hasek, CSc. 129 Seiten Text u. 106 Seiten mit 109 Bildern u. 9 Tafeln. 35,— DM

26 **Über die Anisotropie des plastischen Verhaltens stranggepreßter Stäbe aus hexagonalen Metallen**
Von Dipl.-Ing. Gunther Schroder. 129 Seiten Text u. 75 Seiten mit 97 Bildern u. 2 Tafeln. Vergriffen

27 **Die Messung der mechanischen Kontaktspannung in der Wirkfuge Werkzeug — Werkstück bei Umformverfahren**
Von Dipl.-Ing. Fritz Dohmann. 99 Seiten Text u. 82 Seiten mit 93 Bildern u. 4 Tafeln Vergriffen

28 **Beitrag zur rechnerunterstützten Auslegung von Pressengestellen**
Von Dipl.-Ing. Manfred Geiger. 94 Seiten u. 56 Seiten mit 63 Bildern. Vergriffen

29 **Untersuchungen über das Aufweittiefziehen**
Von P. S. Raghupathi, M. E. ISBN 3-7736-0780-6
80 Seiten Text u. 54 Seiten mit 73 Bildern u. 2 Tafeln 32.– DM

30 **Faltenbildung als Verfahrensgrenze beim Stauchen von Hohlkörpern**
Von Dipl.-Ing. Klaus Dieterle. ISBN 3-7736-0781-4
55 Seiten Text u. 35 Seiten mit 43 Bildern u. 3 Tafeln 28.– DM

31 **Beitrag zur Ermittlung von Fließkurven im kontinuierlichen hydraulischen Tiefungsversuch**
Von Dipl.-Ing. Franc Gologranc. ISBN 3-7736-0785-7
125 Seiten Text u. 58 Seiten mit 95 Bildern u. 6 Tafeln Vergriffen

32 **Untersuchungen an Strangpreßmatrizen**
Von Dipl.-Ing. Klaus Gieselberg. ISBN 3-7736-0786-5
101 Seiten Text u. 56 Seiten mit 69 Bildern 45.– DM

33 **Beitrag zur Messung der Strangoberflächentemperatur beim Strangpressen**
Von Dipl.-Ing. Karl-Heinz Friedrich. ISBN 3-7736-0787-3
83 Seiten Text u. 90 Seiten mit 84 Bildern u. 3 Tafeln 48.– DM

34 **Über das Umformverhalten von Blechen aus Titan und Titanlegierungen**
Von Dipl.-Ing. Hans Wilhelm. ISBN 3-7736-0788-1
107 Seiten Text u. 69 Seiten mit 76 Bildern u. 13 Tafeln Vergriffen

35 **Untersuchung der magnetischen Induktion. Stromdichte und Kraftwirkung bei der Magnetumformung**
Von Dipl.-Ing. Volker Schmidt. ISBN 3-7736-0789-X
60 Seiten Text u. 53 Seiten mit 84 Bildern 21.– DM

36 **Der Stofffluß beim kombinierten Napffließpressen**
Von Dipl.-Ing. Rolf Geiger. ISBN 3-7736-0790-3
111 Seiten Text u. 74 Seiten mit 80 Bildern u. 6 Tafeln Vergriffen

37 **Beitrag zum Verhalten superplastischer Werkstoffe beim Massivumformen**
Von Dipl.-Ing. Hans Schelosky. ISBN 3-7736-0791-1
123 Seiten Text u. 61 Seiten mit 60 Bildern u. 4 Tafeln Vergriffen

38 **Energieumsatz beim elektrohydraulischen Umformen**
Von Dipl.-Ing. Hans-Joachim Weckerle. ISBN 3-7736-0792-X
103 Seiten Text u. 46 Seiten mit 56 Bildern 45.– DM

39 **Elastische Wechselwirkungen an Gestell und Hauptgetriebe weggebundener Pressen**
Von Dipl.-Ing. Lutz Schempeig. ISBN 3-7736-0793-8
91 Seiten Text u. 58 Seiten mit 65 Bildern u. 3 Tafeln 45.– DM

40 **Über das plastische Verhalten von Sintermetallen bei Raumtemperatur**
Von Dipl.-Ing. Hartmut Honeß. ISBN 3-7736-0794-6
84 Seiten Text u. 54 Seiten mit 67 Bildern u. 2 Tafeln Vergriffen

41 **Untersuchungen zum Halbwarmfließpressen von Stahl**
Von Dr.-Ing. Rolf Geiger, Dipl.-Ing. Eckart Dannenmann und Dipl.-Ing. Jean Stefanakis.
ISBN 37736-0795-4. 50 Seiten Text u. 33 Seiten mit 34 Bildern u. 2 Tafeln Vergriffen

42 **Änderung der Werkstoffeigenschaften beim Ziehen von zylindrischen Hohlkörpern aus austenitischen und ferritischen nichtrostenden Stählen**
Von Dipl.-Ing. Rolf Zeller. ISBN 3-7736-0796-2
80 Seiten Text u. 52 Seiten mit 34 Bildern u. 2 Tafeln Vergriffen

43 **Untersuchungen über das Fließpressen superplastischer Werkstoffe**
Von Dr.-Ing. Hans Schelosky. ISBN 3-7736-0797-0
36 Seiten Text u. 24 Seiten mit 26 Bildern u. 1 Tafel Vergriffen

44 **Umformende Bearbeitung in flexiblen Fertigungssystemen**
Von Dipl.-Ing. Hartmut Kaiser. ISBN 3-7736-0798-9
87 Seiten Text u. 24 Seiten mit 47 Bildern 36.– DM

45 **Geometrische Eigenschaften tiefgezogener kreiszylindrischer Näpfe**
Von Dipl.-Ing. Dieter Schlosser. ISBN 3-7736-0799-7
107 Seiten Text u. 64 Seiten mit 60 Bildern u. 9 Tafeln 48.– DM

46 **Die Eigenschaften einer AlZnMgCu-Legierung nach ausgewählten Kombinationen von Wärmebehandlung und Kaltumformung**
Von Dipl.-Ing. Karl Hankele. ISBN 3-7736-0880-2
86 Seiten Text u. 51 Seiten mit 52 Bildern u. 4 Tafeln 45.– DM

47 **Kaltmassivumformen von Sintermetall**
Von Dipl.-Ing. Hans Dieter Schacher. ISBN 3-7736-0881-0
84 Seiten Text u. 44 Seiten mit 47 Bildern u. 5 Tafeln 42.– DM

48 **Rechnerunterstützte Arbeitsplanerstellung und Kostenrechnung beim Kaltmassivumformen von Stahl**
Von Dipl.-Ing. Peter Noack. ISBN 3-7736-0882-9
216 Seiten Text u. 116 Seiten mit 134 Bildern u. 23 Tafeln. 65.– DM

49 **Beitrag zur beanspruchungsgerechten Auslegung von rotationssymmetrischen Fließpreßmatrizen**
Von Dipl.-Ing. Gunther Kramer. ISBN 3-7736-0883-7
94 Seiten Text u. 53 Seiten mit 56 Bildern. Vergriffen

50 **Erzeugung gratfreier Schnittflächen durch Aufteilen des Schneidvorgangs (Konterschneiden)**
Von Dipl.-Ing. Heinz Liebing. ISBN 3-7736-0884-5
87 Seiten Text u. 51 Seiten mit 55 Bildern u. 4 Tafeln. 46.– DM

51 **Berechnung der elastischen Eigenschaften von Baugruppen im Pressenbau**
Von Dipl.-Ing. Herbert Blum ISBN 3-540-09804-6.
151 Seiten mit 55 Abbildungen. Vergriffen

52 **Untersuchung der Verfahrensgrenzen beim 180°-Biegen von Fein- und Mittelblechen**
Von Dipl.-Phys. Wolfgang Schaub. ISBN 3-540-09881-X.
65 Seiten mit 24 Abbildungen. 38.– DM

53 **Abstreckgleitziehen von nichtrostenden austenitischen Stählen**
Von Dipl.-Ing. Jobst-H. Kerspe. ISBN 3-540-09882-8.
109 Seiten mit 36 Abbildungen. 43,– DM

54 **Fließpressen von Stahl im Temperaturbereich 773 K (500°C) bis 1073 K (800°C)**
Von Dipl.-Ing. Ulrich Diether. ISBN 3-540-09959-X.
165 Seiten mit 80 Abbildungen. 48,– DM

55 **Die numerisch gesteuerte Radial-Umformmaschine und ihr Einsatz im Rahmen einer flexiblen Fertigung**
Von Dipl.-Ing. Peter Metzger. ISBN 3-540-10073-3.
158 Seiten mit 65 Abbildungen. 43,– DM

56 **Möglichkeiten zur Steuerung des Stoffflusses beim Ziehen großer unregelmäßiger Blechteile**
Von Dr.-Ing. Vladimir V. Hasek. ISBN 3-540-10074-1.
193 Seiten mit 96 Abbildungen. 48,– DM

57 **Beitrag zur Arbeitsgenauigkeit des Kaltmassivumformens**
Von Dipl.-Ing. Herbert Leykamm. ISBN 3-540-10363-5.
165 Seiten mit 84 Abbildungen und 5 Tabellen.. 48,– DM

58 **Untersuchungen über das Verjüngen von zylindrischen Vollkörpern**
Von Dipl.-Ing. Helmut Binder. ISBN 3-540-10466-6.
146 Seiten mit 50 Abbildungen und 3 Tabellen. 43,– DM

59 **Umformverhalten legierter Sintereisen**
Von Dipl.-Ing. Manfred Stilz. ISBN 3-540-11051-8.
170 Seiten mit 75 Abbildungen und 5 Tabellen. 48,– DM

60 **Interaktives Programmsystem zur Erstellung von Fertigungsunterlagen für die Kaltmassivumformung**
Von Dipl.-Ing. Michael Rebholz. ISBN 3-540-11052-6.
121 Seiten mit 46 Abbildungen. 43,– DM

61 **Beitrag zum Ziehen von Blechteilen aus Aluminiumlegierungen**
Von Dipl.-Ing. Michael Blaich. ISBN 3-540-11067-4.
141 Seiten mit 64 Abbildungen und 5 Tabellen. 43,– DM

62 **Auslegung von rotationssymmetrischen Fließpreßwerkzeugen im Bereich elastisch-plastischen Werkstoffverhaltens**
Von Dipl.-Ing. Thomas Neitzert. ISBN 3-540-11623-0.
159 Seiten mit 51 Abbildungen. 53,– DM

63 **Fließpressen von Sintermetall im Temperaturbereich zwischen 873 K (600°C) und 1173 K (900°C)**
Von Dipl.-Ing. Wolfgang Schaub. ISBN 3-540-11678-8.
160 Seiten mit 85 Abbildungen und 9 Tabellen. 53,– DM

64 **Rechnerunterstützte Konstruktion von Umformwerkzeugen und die Fertigungsplanung von Werkzeugelementen**
Von Dipl.-Ing. Dieter Steuss. ISBN 3-540-11856-X.
178 Seiten mit 87 Abbildungen und 6 Tabellen. 53,– DM

65 **Möglichkeiten und Grenzen des Kaltgesenkschmiedens als eine fertigungstechnische Alternative für kleine, genaue Formteile**
Von Dipl.-Ing. Khang Hoang-Vu. ISBN 3-540-11876-4.
156 Seiten mit 62 Abbildungen und 5 Tabellen. 53,– DM

66 **Einsatz numerischer Näherungsverfahren bei der Berechnung von Verfahren der Kaltmassivumformung.**
Von Dipl.-Ing. Karl Roll. ISBN 3-540-11910-8.
166 Seiten mit 49 Abbildungen und 2 Tabellen. 53,– DM

67 **Untersuchung über das Verjüngen von dickwandigen, zylindrischen Hohlkörpern**
Von Dipl.-Ing. Knut Haarscheidt. ISBN 3-540-12229-X.
124 Seiten mit 58 Abbildungen und 6 Tabellen. Vergriffen

68 **Rechnerunterstützte Optimierung des Tiefziehens unregelmäßiger Blechteile**
Von Dipl.-Ing. Hans Glöckl. ISBN 3-540-12522-1.
143 Seiten mit 60 Abbildungen. Vergriffen

69 **Hydrostatisches Fließpressen: Verfahrensparameter und Werkstückeigenschaften**
Von Dipl.-Ing. Jobst H. Kerspe. ISBN 3-540-12537-X.
123 Seiten mit 69 Abbildungen und 5 Tabellen. 58,– DM

70 **Untersuchungen zum Halbwarmfließpressen von Automatenstählen**
Von Dipl.-Ing. Eberhard Nehl. ISBN 3-540-12568-X.
145 Seiten mit 104 Abbildungen. 58,– DM

71 **Entwicklung und Anwendung neuer Schmierstoffprüfverfahren für die Kaltmassivumformung**
Von Dipl.-Ing. Thomas Gräbener. ISBN 3-540-12836-0.
140 Seiten mit 65 Abbildungen. 58,– DM

72 **Einfluß der Blechoberfläche beim Ziehen von Blechteilen aus Aluminiumlegierungen**
Von Dipl.-Ing. Erhard Mössle. ISBN 3-540-12837-9.
142 Seiten mit 62 Abbildungen und 6 Tabellen. 58,– DM

73 **Werkzeugverschleiß in der Massivumformung**
Von Dipl.-Ing. Matthias Weiergräber. ISBN 3-540-13033-0.
72 Seiten mit 36 Abbildungen und 2 Tabellen. 58,– DM

74 **Grundlagen der Umformtechnik I · Fundamentals of Metal Forming Technique I**
298 Seiten. ISBN 3-540-13039-X. 58,– DM

75 **Grundlagen der Umformtechnik II · Fundamentals of Metal Forming Technique II**
280 Seiten. ISBN 3-540-13040-3. 58,– DM

76 **Herstellung und Versteifungswirkung von geschlossenen Halbrundsicken**
Von Dipl.-Ing. Michael Widmann. ISBN 3-540-13172-8.
150 Seiten mit 63 Abbildungen. 63,– DM

77 **Kostenoptimierter Einsatz der Radialumformmaschine in gemischten, flexiblen Fertigungssystemen**
Von Dipl.-Ing. Michael Dostal. ISBN 3-540-13286-4.
121 Seiten mit 61 Abbildungen. 63,– DM

78 **Rechnerische Ermittlung von Zustandsgrößen beim Radialumformen**
Von Dipl.-Ing. Roland Paukert. ISBN 3-540-13287-2.
131 Seiten mit 57 Abbildungen und 1 Tabelle. 63,– DM

79 **Numerische Steuerung einer flexiblen Bearbeitungseinheit zum Radialumformen**
Von Dipl.-Ing. Helmut Noller. ISBN 3-540-13550-2.
120 Seiten mit 41 Abbildungen und 2 Tabellen. 63,– DM

80 **Vergleichende Betrachtung der Verfahren zur Prüfung der plastischen Eigenschaften metallischer Werkstoffe**
Von Dr.-Ing. Klaus Pöhlandt. ISBN 3-540-13578-2.
178 Seiten mit 43 Abbildungen und 11 Tabellen. 63,– DM

81 **Aufweitung von Fließpreßmatrizen mit überlagerter thermischer und mechanischer Beanspruchung**
Von Dipl.-Ing. Ewald Kling. ISBN 3-540-15755-7.
139 Seiten mit 61 Abbildungen und 1 Tabelle. 63,– DM

82 **Messung des Werkzeugverschleißes bei der Kalt- und Halbwarmumformung mit Radionukliden**
Von Dipl.-Ing. Eberhard Nehl. ISBN 3-540-16497-9.
131 Seiten mit 55 Abbildungen und 11 Tabellen. 68,– DM

83 **Ermittlung von Eigenspannungen in der Kaltmassivumformung**
Von A. Erman Tekkaya. ISBN 3-540-16498-7.
162 Seiten mit 60 Abbildungen und 2 Tabellen. 68,– DM

84 **Korrosionsbeständigkeit tiefgezogener rotationssymmetrischer Werkstücke aus austenitischen Stählen**
Von Dipl.-Ing. Matthias Weiergräber. ISBN 3-540-16560-6.
137 Seiten mit 63 Abbildungen und 4 Tabellen. 68,– DM

85 **Simulation of Metal Forming Processes by the Finite Element Method (SIMOP-I)**
Workshop Stuttgart 1985. ISBN 3-540-16592-4.
316 Seiten mit 147 Abbildungen und 3 Tabellen. 68,– DM

86 **Beanspruchung von Napf-Rückwärts-Fließpreßmatrizen aus Keramik infolge mechanischer Belastung und Temperatureinwirkung**
Von Dipl.-Ing. Winfried Nester. ISBN 3-540-16845-1.
148 Seiten mit 66 Abbildungen und 2 Tabellen. 68,– DM

87 **Einfluß von Oberflächenbeschichtungen auf den Werkzeugverschleiß bei der Massivumformung**
Von Dipl.-Ing. Harald Westheide. ISBN 3-540-16846-X.
146 Seiten mit 84 Abbildungen und 9 Tabellen. 68,– DM

88 **Hydrostatisches Fließpressen von Profilen unter Verwendung von Matrizen mit stetigem Übergang**
Von Dipl.-Ing. Suwandi Sugondo. ISBN 3-540-16847-8.
130 Seiten mit 59 Abbildungen und 7 Tabellen. 68,– DM

89 **Untersuchungen über das kombinierte Quer-Napf-Vorwärts-Fließpressen**
Von Dipl.-Ing. Walter Osen. ISBN 3-540-17349-8.
153 Seiten mit 66 Abbildungen. 68,– DM

90 **Werkstoff und Umformung**
1. Workshop Stuttgart, 1986. ISBN 3-540-17370-6.
224 Seiten. 68,– DM

91 **Beanspruchungsgerechte Auslegung von Fließpreßwerkzeugen mit numerischen Berechnungsmethoden**
Von Dipl.-Ing. Vu The Cuong. ISBN 3-540-17472-9.
169 Seiten mit 80 Abbildungen und 12 Tabellen. 68,– DM

92 **Der Kerbzugversuch als Einfachprüfverfahren für das richtungsabhängige Umformvermögen von Blechwerkstoffen**
Von Dipl.-Phys. Christian Weist. ISBN 3-540-17666-7.
96 Seiten mit 48 Abbildungen und 5 Tabellen. 68,– DM

93 **Querfließpressen eines Flansches oder Bundes an zylindrischen Vollkörpern aus Stahl**
Von Dipl.-Ing. Winfried Schatzle. ISBN 3-540-17929-1.
129 Seiten mit 67 Abbildungen und 3 Tabellen. 68,– DM

94 **Untersuchung des Werkzeugbruches beim Voll-Vorwärts-Fließpressen**
Von Dipl.-Ing. Willi Reiss. ISBN 3-540-18376-0.
159 Seiten mit 69 Abbildungen und 3 Tabellen. 68,– DM

95 **Grundlagen für das Kaltwalzen von Voll- und Hohlkörpern nach dem Grob-Verfahren**
Von Dipl.-Ing. Norbert Kurz. ISBN 3-540-18509-7.
163 Seiten mit 72 Abbildungen und 5 Tabellen. 68,– DM

96 **Rechnergestützte Fertigung von Sonderprofilen auf der Radialumformmaschine**
Von Dipl.-Ing. Andreas Wöhr. ISBN 3-540-19161-5.
141 Seiten mit 80 Abbildungen. 73,– DM

97 **Optimierung der Oberflächenmikrogeometrie von Aluminiumfeinblech für das Karosserieziehen**
Von Dipl.-Ing. Rainer Balbach. ISBN 3-540-50168-1.
161 Seiten mit 86 Abbildungen. 73,– DM

98 **Ermüdungsverhalten von massivumgeformten bauteilähnlichen Proben aus Stahl**
Von Dipl.-Ing. Wolfgang Schwab. ISBN 3-540-50805-8.
142 Seiten mit 81 Abbildungen und 3 Tabellen. 73,– DM

99 **Optimaler Energieeinsatz bei der Fertigung durch Massivumformung**
Von Dipl.-Ing. Thomas Herlan. ISBN 3-540-50876-7.
204 Seiten mit 63 Abbildungen und 3 Tabellen. 73,– DM

100 **Ermittlung der Fließkurven von Feinblechen im ebenen Torsionsversuch**
Von Dipl.-Ing. Michael Bauer. ISBN 3-540-51117-2.
210 Seiten mit 76 Abbildungen und 7 Tabellen. 73,– DM

101 **Numerische Simulation dreidimensionaler Umformvorgänge mit Einbezug des Temperaturverhaltens**
Von Dipl.-Ing. Jürgen Gerhardt. ISBN 3-540-51331-0.
148 Seiten mit 59 Abbildungen und 2 Tabellen. 73,– DM

102 **Interaktives rechnergestütztes System zur Konstruktion von Werkzeugen für die Kalt-Massivumformung**
Von Dipl.-Ing. Frank D. Ilzig. ISBN 3-540-51492-9.
134 Seiten mit 69 Abbildungen. 73,– DM

103 **Werkzeugverformungen beim Strangpressen und ihre Auswirkungen auf die Produktgenauigkeit**
Von Rolf Bulander. ISBN 3-540-51586-0.
165 Seiten mit 66 Abbildungen und 5 Tabellen. 73,– DM

104 **Prüfung des Einflusses von Schmierstoffadditiven auf das Tribosystem bei der Kaltmassivumformung**
Von Dipl.-Ing. Uwe Horlacher. ISBN 3-540-52176-3.
161 Seiten mit 70 Abbildungen und 5 Tabellen. 73,– DM

105 **Rechnerunterstützte Konstruktion von rotationssymmetrischen Schmiedeteilen und Warmfließpreßwerkzeugen**
Von Ekkehard Körner. ISBN 3-540-52635-8.
174 Seiten mit 85 Abbildungen und 7 Faltseiten. 78,– DM

106 **Einflußgrößen auf den Werkzeugbruch beim Voll-Vorwärts-Fließpressen**
Von Arndt Hettig. ISBN 3-540-52816-4.
161 Seiten mit 71 Abbildungen und 7 Tabellen. 78,– DM

107 **Weiterentwicklung des Torsionsversuches in Theorie und Praxis**
Von Andreas Gräber. ISBN 3-540-52817-2.
154 Seiten mit 65 Abbildungen und 4 Tabellen. 78,– DM

108 **Beitrag zur Optimierung der Fertigungsfolge Kaltmassivumformen und Spanen**
Von Hans-Joachim Keller. ISBN 3-540-52883-0.
165 Seiten mit 75 Abbildungen und 5 Tabellen. 78,– DM

109 **Ermittlung der Fließkurven und der Anisotopie-Eigenschaften metallischer Werkstoffe im Rastegaev-Stauchversuch**
Von Thomas Friedrich Oberländer. ISBN 3-540-53154-8.
174 Seiten mit 91 Abbildungen und 9 Tabellen. 78,– DM

110 **Ermüdungsverhalten von Fließpreßteilen aus Sintermetall**
Von Bernd Hager. ISBN 3-540-53585-3.
130 Seiten mit 70 Abbildungen und 3 Tabellen. 78,– DM

111 **Ein wissensbasiertes System zur Stadienplanermittlung beim Kaltmassivumformen**
Von Guohui Du. ISBN 3-540-53980-8.
163 Seiten mit 66 Abbildungen. 78,– DM

112 **Aufweitungsverhalten von Fließpreßmatrizen mit nichtrotationssymmetrischer Innenform Berechnungen mit der Boundary-Element-Methode**
Von Karsten-F. Hoffmann. ISBN 3-540-54573-5.
182 Seiten mit 73 Abbildungen und 7 Tabellen 78,– DM

113 **Ein Beitrag zur Überwachung und Diagnose beim Radialumformen am Beispiel der Radialumformmaschine RUMX-2000**
Von Egon Hüfner. ISBN 3-540-55157-3.
156 Seiten mit 54 Abbildungen und 5 Tabellen. 88,– DM

114 **Datenaustausch bei der Prozeßsimulation in der Umformtechnik**
Von Shaolin Wang. ISBN 3-540-55268-5.
177 Seiten mit 67 Abbildungen und 12 Tabellen. 88,– DM

115 **Verschleißminderung an Werkzeugen der Kaltmassivumformung durch Ionenstrahltechniken**
Von Christian Weist. ISBN 3-540-55453-X.
164 Seiten mit 86 Abbildungen und 9 Tabellen. 88,– DM

116 **Anwendungsorientiertes CAD-System zur Werkzeugkonstruktion für die Kaltmassivumformung**
Von Wolfgang Makosch. ISBN 3-540-55466-1.
166 Seiten mit 72 Abbildungen und 9 Tabellen. 88,– DM

117 **Grundlagenuntersuchung über das Taumelpressen**
Von Joachim Schondelmaier. ISBN 3-540-55589-7.
177 Seiten mit 92 Abbildungen und 1 Tabelle. 88,– DM

118 **Beitrag zur Fertigung von schrägverzahnten Stirnrädern durch Querfließpressen**
Von Felix Schmieder. ISBN 3-540-56548-5.
188 Seiten mit 94 Abbildungen und 4 Tabellen. 88,– DM

119 **Eigenspannungen und Spannungsrißkorrosion tiefgezogener Werkstücke aus CuZn-Legierungen**
Von Lothar Brückner. ISBN 3-540-57377-1.
152 Seiten mit 106 Abbildungen und 5 Tabellen. 88,– DM

120 **Auslegung von Fließpreßmatrizen mit der Boundary-Element-Methode im Verbund mit CAD-Systemen**
Von Jianhua Su. ISBN 3-540-57923-0.
168 Seiten mit 82 Abbildungen und 5 Tabellen. 88,– DM

121 **Beitrag der Prozeßsimulation zur Entwicklung komplexer Kaltumformteile**
Von Volker Szentmihályi. ISBN 3-540-57967-2.
152 Seiten mit 68 Abbildungen und 6 Tabellen. 88,– DM

122 **Weiterentwicklung von Verfahren zur Aufnahme von Fließkurven im Bereich hoher Umformgrade**
Norbert Becker. ISBN 3-540-58442-0.
147 Seiten mit 95 Abbildungen und 2 Tabellen. 88,– DM

123 **Beitrag zur Charakterisierung von Blechwerkstoffen unter mehrachsiger Beanspruchung**
Wolfgang Müller ISBN 3-540-61438-9.
182 Seiten mit 112 Abbildungen und 12 Tabellen. 88,– DM

124 **Auslegung von Massivumformwerkzeugen gegen Versagen durch Ermüdung**
Markus Knörr ISBN 3-540-61535-0.
183 Seiten mit 90 Abbildungen und 5 Tabellen. 88,– DM

Die Bände sind im Erscheinungsjahr und in den folgenden drei Kalenderjahren zu beziehen durch den örtlichen Buchhandel oder durch Lange & Springer, Otto-Suhr-Allee 25–28, 10585 Berlin.

GPSR Compliance

The European Union's (EU) General Product Safety Regulation (GPSR) is a set of rules that requires consumer products to be safe and our obligations to ensure this.

If you have any concerns about our products, you can contact us on ProductSafety@springernature.com

In case Publisher is established outside the EU, the EU authorized representative is:

Springer Nature Customer Service Center GmbH
Europaplatz 3
69115 Heidelberg, Germany

Batch number: 10682439

Printed by Printforce, the Netherlands